200种
派对聚会
创意简餐

[日] 浜 裕子　著

张艳辉　译

 中国轻工业出版社

前言

手拿食品（Finger Food）特别流行，如今已经是不可或缺的派对美食。出现在派对、家庭聚会中的手拿食品会给人带来精致的视觉感受以及轻松、愉悦的用餐体验，深受欢迎。

我第一次接触手拿食品还是在20多年前，在一场招待外宾的宴会上，一个个精致的派对美食在托盘上精美地摆放着，让我内心强烈地感受到食物的视觉享受时代即将到来。

此后，在我准备家庭派对时，我也尽可能多地准备手拿食品。10多年前我出版了第一套手拿食物食谱，整套图书共分为5本，分别介绍日式手拿食品、美式手拿食品、中式手拿食品、餐后甜点等250种美食。整套书的编写过程中，烹饪研究学者太田敦子、结城寿美江、山崎志保给我提供了许多帮助，在此向他们表示诚挚的感谢。

精致、制作方法简单的手拿食品备受好评，本书从整套手指食品食谱中，精选能够轻松应对派对、家庭聚会等场合的200余种美食，可根据具体场合选用。

希望本书能给您的聚会时光增添更多欢乐。

浜 裕子

目录

 Part 1
四季畅享的手拿食品

Part 2
下酒的手拿食品

Part 3
闺蜜聚会推荐的手拿食品

Part 4
轻松制作的手拿食品

Part 5
派对推荐的手拿甜点

Part 6
适合派对的汤及饮品

Column

● 用量说明：大匙=15mL，小匙=5mL，1杯=200mL。
● 材料中所示人数量、个数以本书所使用器皿为准。根据材料不同，也会为方便制作调整用量。
● 关于盐、胡椒粉等用量无法精确描述的基本调味品，在材料最后标注☆统一说明。

* 本书是之前已出版的《手拿食品50种》(2011年12月)、《日式手拿食品50种》(2012年2月)、《美式手拿食品50种》(2012年6月)、《中式手拿食品50种》(2012年10月)、《手拿食品50种·餐后甜点》(2012年11月)重新编写后的合集。

为派对上手拿食品增添色彩的主要小物件

介绍几种为派对上手拿食品增添色彩的主要小物件。单手就能拿取的手拿食品，再用上能够将其直接（不弄脏手）放入器皿、餐巾的小物件，想必更加方便。利用这4种小物件，让派对氛围更加愉悦、轻松。

1 小鸡尾酒杯、烈酒杯等玻璃杯类

派对中，提供汤水、汁水较多的食品已成惯例。无须汤勺，只需使用小鸡尾酒杯、烈酒杯就能轻松解决。

2 锥形杯座

外形精致的锥形杯座。可用于放置锥形杯，也可用于放置冰激凌、春卷皮卷食物等。

3 摆盘勺

材质可分为玻璃、塑料、金属、陶瓷、木制等，可根据目的及风格区分使用。放置一段时间后即出汁的食物可使用摆盘勺盛放，更方便食用。

4 水果扦、鸡尾酒搅拌棒等

除了能起到"固定"的作用外，还具有装饰效果。如果想要食物的外形更出众，不妨使用水果扦。

Part
1

四季畅享的手拿食品

使用春、夏、秋、冬应季食材，
严选餐单。
适合所有场合的美食，
在任何派对聚会中都能大放异彩。

Recipe 001

腐皮西蓝花卷

这道料理用腐皮包裹西蓝花及蟹肉，充满春天气息，做法简单。渗入西蓝花中的汤汁，入口之后甜味就会扩散开来。

材料（8人用量）
生腐皮…1包
西蓝花…1/2个
蟹肉…50g
调味汁
  汤汁…70mL
  薄口酱油…10mL
  味醂…10mL

制作方法

1. 将西蓝花放入开水锅中煮熟后捞出。将调味液放入锅中煮沸后，待其冷却。充分放凉之后，浸入西蓝花使其入味。

2. 在卷帘上铺好保鲜膜，摊开生腐皮，放上控干水分的西蓝花、蟹肉之后卷起。

3. 切段之后，切口朝上摆盘。

毛豆米球双拼

将甜点外皮作为装盘器皿。
葫芦造型托盘的另一边可摆放酒杯，方便又实用。

毛豆饭

材料（8个用量）
毛豆…1/2袋
盐…适量
大米…1/2杯
红豆糕皮…8片
青紫苏…8片

制作方法
1. 将大米用电饭锅蒸成米饭。
2. 毛豆用盐水煮后去壳，取出毛豆粒后，与米饭混合均匀。
3. 搓成圆形或三角形，放在铺有青紫苏叶的红豆糕皮上。

鲑鱼球寿司

材料（8个用量）
熏鲑鱼…约4片
寿司饭
　大米…1/2杯
　米醋…1大匙
　白砂糖…1.5大匙
　盐…1/2大匙
酸奶油…适量
红豆糕硬皮…8片
青紫苏叶…8片
鲑鱼卵…少量

制作方法
1. 将大米放入电饭锅中蒸熟。将米醋、白砂糖、盐混合在一起做成寿司醋，混入米饭中制作寿司饭，待其冷却。
2. 将步骤1的寿司饭搓圆后放在铺有青紫苏叶的红豆糕硬皮上，放上酸奶油，再放上切好的熏鲑鱼及鲑鱼卵。

汤汁法式肉冻

剔透的海带汤汁，将玉米笋、秋葵等精美
的色彩及切面封入其中。
在长方形餐盘中抹上些许带颜色的酱汁，
更显华丽。

材料（可以做一整条法
式肉冻的用量）
海带汤汁…400mL
白汤汁…3大匙
蛤蜊…200g
玉米笋…6个
秋葵…3个
大葱…2根
豇豆…20根
吉利丁片…10g
蟹肉或蟹肉糕…8个
梅肉酱
（参照第222页）…适量

制作方法

1 将海带汤汁及白汤汁倒入锅中加热，再放
入蛤蜊，煮至开口后取出。剥掉蛤蜊壳，
沥干汤汁。

2 将玉米笋、大葱、豇豆用步骤 1 的汤汁
煮一下，捞出后充分冷却。

3 取300mL步骤 2 的汤汁，盐分较多可加
入少量水。加入已用冰水泡发的吉利丁片，
充分混合。

4 将步骤 3 的吉利丁液注入模具中（距离模
具底部约5mm位置），放入冰箱冷藏凝固。
注入吉利丁液的过程中，依次将大葱、玉米
笋、秋葵、蟹肉（蟹肉糕）、蛤蜊肉、豇豆
等塞入模具中。最后，注入剩余的吉利丁液。

5 将步骤 4 半成品放入冰箱冷藏凝固。取出
后切块，加上梅肉酱佐餐。

芜菁芦笋慕斯卷

模具内周贴上一圈芦笋作为装饰，再注入慕斯。
精致的外形绝对是派对上的一抹亮色。

材料（可做3个直径为5cm、
高4.5cm的芜菁芦笋慕斯卷）
芜菁（剥皮后蒸熟）…45g
芦笋…3根
洋葱（切碎）…45g
鸡肉清汤…150mL
吉利丁片…3g
鲜奶油…60g
圣女果…少量
熟玉米笋…少量
百里香…少量
树莓醋酱（参照第222
页）…适量
☆盐、胡椒粉、色拉油

制作方法

1 将吉利丁片用冰水泡发。芦笋用盐水煮过之后，对齐模具高度横切，再对半竖切。将模具摆放于保鲜膜上，沿着模具内周贴上切好的芦笋，芦笋切面朝向模具壁面。

2 平底锅加热后倒入色拉油，加入洋葱碎翻炒，注入鸡肉清汤后用中火煮制。等洋葱变软之后，放入盐、胡椒粉进行调味。

3 转小火，加入控干水分的吉利丁片使其溶化。

冷却之后，连同芜菁一起倒入搅拌器中，搅拌至柔滑。

4 倒入碗中，加入6分打发的鲜奶油，充分混合。

5 用勺子将步骤4的半成品填充于步骤1的模具内，放入冰箱冷藏凝固。取下模具之后装盘，放上圣女果、熟玉米笋、百里香等装饰，最后淋少许树莓醋酱。

千层寿司

将双色寿司饭用模具做成有创意的造型。放上用煎蛋皮制作的花，更显华丽。

材料（使用直径为5cm的模具，可做6个）
红米寿司饭（参照第15页）…240g
寿司饭（参照第15页）…120g
鸡蛋…3个
海苔…1/4片
小芦笋…12根
☆盐

制作方法
1 依次将红米寿司饭、寿司饭填充于模具中。
2 将鸡蛋打入碗中，加入少量盐打成蛋液。将1/3蛋液注入已加热的煎蛋锅内，制作薄煎蛋皮。用同样方法，共煎3片。
3 将薄煎蛋皮对切成两半，并竖直对折。再切成不切断的条状，在底端用海苔缠绕固定。
4 将小芦笋用热水煮熟。
5 将步骤1的模具取下，放上步骤3的煎蛋皮花，再加入小芦笋装饰。

茶杯寿司

将食物的色彩巧妙搭配，并将食材塞满小茶杯。
顶部装饰物稍加改变，就能产生丰富的视觉效果。

材料（10个用量）

寿司饭

| 大米…150g
| 盐…1/3小匙
| 白砂糖…1.5大匙
| 醋…2大匙

鸡蛋…1个

肉松

| 猪肉末…50g
| 味醂…1/2大匙
| 酒…1/2大匙
| 酱油…1/2大匙

虾…10个

红叶生菜…适量

圣女果…适量

食用花卉…10瓣

☆盐、胡椒粉

※制作红米寿司饭时，在1合米（每合
　米等于0.18千克）中混入1大匙红米
　之后蒸熟即可。调味料同寿司饭。

制作方法

1 将米饭蒸至偏硬程度。将盐、
　白砂糖、醋混合，加入刚煮好
　的米饭中，制作成寿司饭。

2 鸡蛋打入碗中，加入少量的盐
　及胡椒粉。放入平底锅中开火加
　热，用几根筷子一起边搅拌边
　加热，制作成颗粒状。

3 将制作肉松所需材料放入锅中，
　用几根筷子一起边搅拌边加热，
　制作成肉松状。

4 虾剥壳后煮熟。

5 寿司饭塞入茶杯中，并依次塞
　入肉松、鸡蛋粒。最后，用红
　叶生菜、虾、切成4块的圣女果、
　食用花卉作为顶部装饰物。

Recipe 007

土佐醋果冻球

用土佐醋制作果冻，加入章鱼、菊花等鲜艳材料。
将圆圆的果冻球装入白屏勺内，一口吃下，倍感清凉。

材料（8个用量）

土佐醋

　醋…50mL

　薄口酱油…1/2大匙

　白砂糖…1大匙

　汤汁…3g

　鲣节…3g

吉利丁片…2g

菊花（黄）…1朵

蟹味…1/4包

黄瓜…1/4根

煮章鱼足…1个

花椒芽…8片

☆醋、酒、盐

制作方法

1. 将吉利丁片用冰水泡发，控干水分。

2. 将除鲣节以外的土佐醋调味料放入锅中，再加入刚煮好的鲣节，一两秒之后将锅从火上移下。将鲣节沉入锅底之后过滤，趁热加入步骤 1 的吉利丁片。

3. 菊花撕开，用加过醋的热水煮。将蟹味菇分成小块，用酒炒制。

4. 黄瓜切成蓑衣状，用盐搓揉腌制。将煮章鱼足切成8mm见方的小块。

5. 将步骤 3 及步骤 4 半成品放入步骤 2 半成品中，冷却至变得黏稠。8等分之后用保鲜膜包裹，搓成球状之后用皮筋捆扎固定。在冰水中放置约1小时，待其冷却、凝固。

6. 撕下保鲜膜之后装盘，加入花椒芽装饰。

东坡肉一口串

制作时耗费时间，但保存周期长，适合招待突然拜访的客人。
色彩鲜艳的圣女果及酸甜的苦瓜，让人倍感凉爽。

材料（方便制作用量）

猪排…500g
大葱（切块）…1/2根
生姜（切片）…1片
调味料
　酱油…3大匙
　白砂糖…4大匙
　绍兴酒…3大匙
　八角…1个
水…1L
苦瓜…1/2个
寿司醋…4~5大匙
芜菁…适量
圣女果…适量

制作方法

1. 将猪排、大葱块、生姜放入锅中，加水至没过猪排。大火加热，煮沸之后开小火，煮制约2小时以内。
2. 将步骤1的肉放入厚底锅中。加入调味料及1L水之后开火加热，用小火煮制1小时左右即为东坡肉。煮汁浸入状态下放置冷却。
3. 苦瓜切成薄片，用水洗净。控干水分之后，用寿司醋腌渍。芜菁剥皮之后切成厚片，焯水。
4. 东坡肉切成可一口食用大小，放置于芜菁上方，用水果扦刺入切成两半的圣女果。最后，套上苦瓜片，作为装饰。

冬瓜海胆果冻

制作中式菜肴时常用的冬瓜，除了可做成热汤、蒸菜外，冷却之后放入玻璃器皿中也别有一番风味。

材料（6个用量）
冬瓜…200g
鸡架汤…400mL
干虾…10个
干贝柱…1个
果冻
┃ 冬瓜煮汁…200mL
┃ 吉利丁片…3g
海胆…适量
食用花卉…适量

制作方法

1 冬瓜剥皮，切成可一口食用大小。

2 将干虾、干贝柱放入鸡架汤中浸润1小时。开火加热至沸腾之后放入步骤 1 半成品，小火煮制30分钟左右。

3 冬瓜加热之后取出，放入冰箱冷却。

4 制作果冻。取200mL步骤 2 的煮汁，煮开之后关火，加入已用水浸泡的吉利丁片。将吉利丁液注入托盘内，放入冰箱冷藏凝固。

5 冬瓜放入器皿中，用勺子舀入果冻汁。放上海胆，再用食用花卉装饰。

材料（6个用量）

葡萄柚（红）…1/4个

帆立贝（刺身用）…6个

西芹…20g

柠檬汁…1/4个

芥末粒…1/2小匙

橄榄油…1大匙

盐、胡椒粉…各适量

紫芽菜…适量

制作方法

1. 取出葡萄柚的果肉，连同帆立贝、西芹一起均切成5mm见方的块状。
2. 将柠檬汁、芥末粒、橄榄油、盐、胡椒粉混合，制作淹泡汁。将步骤1半成品混入其中。
3. 将步骤2半成品装入玻璃杯中，用紫芽菜装饰。

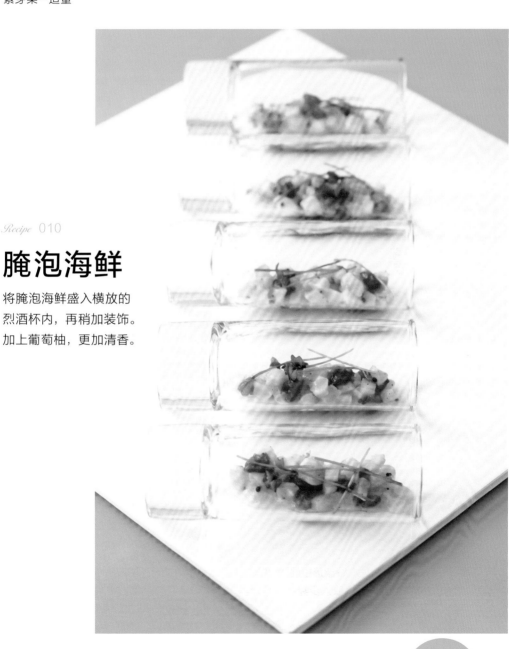

Recipe 010

腌泡海鲜

将腌泡海鲜盛入横放的
烈酒杯内，再稍加装饰。
加上葡萄柚，更加清香。

荞麦面鸡尾酒沙拉

最适合夏季食用的凉荞麦面，装入鸡尾酒杯中，清凉透心。

材料（5人用量）
荞麦面…100g
沙拉
　山药…80g
　秋葵…4个
　白汤汁…1大匙
腌白萝卜（切块）…5个
滑子菇…5个

制作方法
1. 秋葵用热水煮熟，取出子之后切碎。山药剥皮之后捣碎。
2. 将秋葵、山药、白汤汁混合均匀。
3. 将煮过并放凉的荞麦面放入鸡尾酒杯中，放入步骤2拌好的沙拉。水果扦刺入腌萝卜块和煮过的滑子菇作为装饰。

凉拌彩色稻庭乌冬

润滑的稻庭乌冬，加上爽口的明太子酱。
添加颜色艳丽的装饰物，更显华丽。

材料（5人用量）
稻庭乌冬…100g
明太子酱（参照第222页）…3大匙
面汤或白汤汁稀释后汤汁…50mL
装饰（蓼花、芽菜、雏菊等碎料）…适量

制作方法
1. 稻庭乌冬煮熟之后冷却，放入器皿中。
2. 加入明太子酱，撒上蓼花、芽菜、雏菊。
3. 将面汤或白汤汁倒入其他容器内，食用之前浇上。

彩色素食鱿鱼

制作西式鱿鱼时加入少许中式菜即
可改良成中式风格。
在鱿鱼圈中塞入各种蔬菜，用鸡架
汤蒸煮。
切口朝向上方，华丽无比。

材料（6人用量）

枪鱿鱼…1条

塞菜

　彩椒（红色、黄色）…各
　20g

　大蒜芽…2个

　杏鲍菇…半个

　香味料汁（参照第222
　页）…2小匙

　鸡肉…60g

　马铃薯粉…1大匙

　蛋液…半个

　蚝油…1/2小匙

鸡架汤…200mL

番茄（热水烫皮之后取出
子，切成5mm毫米见方的块
状）…适量

水溶马铃薯粉…适量

香菜…适量

☆盐、胡椒粉各适量

制作方法

1. 切掉枪鱿鱼的腿，并择除内脏。将腿和鳍切成5mm见方的块状，鱿鱼身除去软骨之后剥皮。

2. 制作塞菜。将彩椒、大蒜芽、杏鲍菇切成5mm见方的块状。

3. 用平底锅加热香味料汁，快速炒制步骤2半成品、鱿鱼的腿及鳍。

4. 将步骤3半成品和剩余的塞菜材料放入碗中混合，再加入盐、胡椒粉充分混合。将其塞入鱿鱼身体内，用牙签固定。

5. 鸡架汤倒入锅中煮沸，再加入步骤4半成品。放于锅盖上固定。小火蒸煮约15分钟。

6. 在已取出鱿鱼的汤汁中加入番茄之后稍加煮制，并用盐、胡椒粉调味。加入水溶马铃薯粉调成糊状，制作酱汁。

7. 将酱汁倒入器皿内，将切成圈状的步骤5半成品摆盘。最后，用香菜装饰。

味噌风味烤茄子

味噌及奶酪的香味让人食欲大增，口感温和。
用青紫苏包裹，不用担心油将手弄脏。

材料（8个用量）

茄子（小）…4个
蟹味菇…1/4包
调味汁
| 红汤汁味噌…1大匙
| 白砂糖…1大匙
| 味醂…1/2大匙
| 酒…1/2大匙
比萨奶酪…适量
青紫苏叶…8片
☆色拉油

制作方法

1. 茄子去蒂之后对切成两半，放入已加热至170℃的色拉油中稍加油炸。
2. 蟹味菇洗净，放入已涂有少许色拉油的平底锅中炒。将调味汁的材料一起放入，混合之后炒制。
3. 茄子上放入步骤2半成品及比萨奶酪，放入烤箱烤至奶酪化开。在器皿上铺上青紫苏叶，装盘。

芜菁开胃点心

熏鲑鱼的咸香味最适合搭配清爽的芜菁一同食用。
加上莳萝、浆果等装饰，更显诱人。

材料（6个用量）

芜菁…2个
熏鲑鱼…3片
莳萝…少量
浆果…少量

制作方法

1. 芜菁剥皮，切成8mm厚的片。
2. 熏鲑鱼对半切，卷起后放在芜菁上方。
3. 用莳萝、浆果装饰。

紫苏酱馅小芜菁

小芜菁中塞入风味多样的味噌之后蒸。
保留少许茎须一起烹饪，如同精致小巧
的带盖容器。

材料（6个用量）
小芜菁…6个
紫苏味噌（方便制作的用量）
| 猪肉末…80g
| 酒…25mL
| 味噌…100g
| 白砂糖…35g
| 生姜（切末）…5g
| 汤汁…25mL
| 青紫苏叶…2片

制作方法
1. 制作青紫苏味噌。将猪
   肉末、酒放入平底锅内
   炒制。放入味噌、白砂
   糖、生姜末、汤汁，一
   起蒸。加入切成细丝的
   青紫苏叶，充分混合。
2. 小芜菁的茎根剪掉，盖
   上锅盖。剥皮，挖空内
   部。将青紫苏味噌塞入
   其中，放入已烧开的蒸
   锅中，蒸至芜菁变软。

带皮芋头

中秋赏月时可品尝的带皮芋头点心。稍加装饰，就会变为一道精美的手拿食品。

材料（8个用量）
芋头（小）…8个
海带煮汁…适量

制作方法
1. 芋头上方1/4位置切开，连皮一起蒸。
2. 如图所示从切口处剥皮，淋入海带煮汁。

Recipe 018

猪肉卷年糕

年糕配猪肉，让人流口水。
切开之后露出切口，用水果扦刺入方便品尝。

材料（10个用量）

猪肉（切薄片）…10片

底料

　| 酱油…1大匙
　| 酒…1大匙
　| 香油…1小匙

年糕…1个

西芹…1/3根

大葱…1/2根

青椒…10个

味噌酱（参照第222页）…适量

☆马铃薯粉、色拉油

制作方法

1. 将猪肉放入底料中浸泡约10分钟。
2. 将年糕分切成10块。将西芹、大葱切成薄片。
3. 用猪肉卷起年糕、大葱、西芹。
4. 在步骤3半成品中撒上马铃薯粉，放入已加热至180℃的色拉油中炸制4~5分钟。将青椒切开，放入锅中炸。
5. 味噌酱注入器皿中，放入步骤4的半成品。

鸡肝慕斯焦糖布丁

在鸡肝慕斯上撒上白砂糖,甜香浓醇。
润滑口感如同奶油布丁,即使不喜欢鸡肝的
口味也会喜欢吃。

材料(6个长径为6mm
椭圆形模具的用量)
鸡架…150g
洋葱(切薄片)…40g
白兰地…10mL
红酒…30mL
大蒜…1/4片
牛奶…60mL
面包粉…10g
鸡蛋…40g
鲜奶油…40mL
白砂糖(制作焦糖用)…
适量
苹果心(参照右下方)…
6片
马苏里拉奶酪…3大匙
面包(切成心形)…6片
薄荷…适量
☆黄油、盐、胡椒粉

制作方法

1　鸡架择除血管、筋、脂肪等,冷水浸泡之
　　后沥干水分。

2　黄油放入锅中化开,放入洋葱片炒至散发
　　香味。加入步骤 1 半成品稍加炒制,再
　　加入白兰地、红酒,冷却至酒精挥发。

3　将步骤 2 半成品、牛奶、面包粉、鸡蛋、
　　鲜奶油、盐、胡椒粉(少量)混合之后加
　　入搅拌器中,搅拌至柔滑。

4　冷却之后表面撒上白砂糖(做焦糖用),用
　　加热枪烧化白砂糖,制作焦糖。

5　在步骤 5 半成品中加入苹果心、马苏里拉
　　奶酪、面包、薄荷作为装饰。

※ 苹果心:将切成薄片的苹果摆放于烤箱纸中,
　　撒上糖粉,用烤箱以100℃温度加热干燥1~
　　2小时。

蔬菜牛肉卷

用化开的奶酪和果醋酱，就能调配出美
味十足的派对食品。
色彩丰富的切口朝上摆放于方形餐盘中，
吸睛又诱人。

材料（6人用量）
牛肉（切薄片）…4片
牛蒡…1/2个
胡萝卜…1个
四季豆…1/2袋
奶酪…2片
果醋…适量
☆盐、胡椒粉、马铃薯粉、
色拉油

制作方法

 牛蒡削皮后，与四季豆切成长度相同的段，
竖直切为2块或4块。胡萝卜去皮后，切成
与牛蒡大小相同的块。牛蒡、胡萝卜、四季
豆分别用盐水煮至柔软。

2 将牛肉片摊开在保鲜膜上。撒上盐、胡椒粉，
再撒上薄薄的马铃薯粉，摆上步骤 1 半成
品，再放入奶酪片。撕去保鲜膜，在肉表面

撒上盐、胡椒粉。

3 用平底锅加热色拉油，将步骤 2 半成品
的卷朝下摆放。边转动边烤制，烤熟肉。

4 冷却之后，切成可一口食用的大小。装盘，
用平底锅小火加热果醋（变黏稠为止），
加入盐、胡椒粉。也可根据个人口味添加
黑葡萄或树莓醋酱（第222页）。

Recipe 021

茶杯焗饭

将食材放入小模具中，做成手拿焗饭。
加上搅拌棒作为装饰，增添派对色彩。

材料（使用直径为6.8cm圆形模具，可做6个）

大米…1杯

混合杂粮…1大匙

鸡肉清汤…240mL左右

白酱汁（成品）…120mL

牛奶…200~240mL

奶酪…适量

番茄酱（成品）…适量

奶酪粉…适量

西芹…少量

水煮鹌鹑蛋…少量

黑橄榄（切薄片）…少量

☆盐、胡椒粉、黄油

制作方法

1 将大米和混合杂粮混合，连同鸡肉清汤、盐、胡椒粉一起放入电饭锅内蒸煮。

2 将白酱汁用牛奶稀释。

3 将步骤1半成品放入已涂过黄油的模具中。加入白酱汁、奶酪，在中央淋入番茄酱，再撒上奶酪粉。用烤箱以250℃烤制3~5分钟，使其上色。

4 用西芹、切开的鹌鹑蛋、黑橄榄片装饰。

蔬菜馅饼

将豆乳注入蛋挞坯料的煎蛋馅饼。
制作时用到的蔬菜为剩余蔬菜，用汤水煮过即可。

材料（6人用量）
蔬菜清汤（第197页）煮过的蔬菜…
适量
鸡蛋…2个
豆乳…50mL
蛋挞坯料（小）…6个
马苏里拉奶酪…少量
细叶芹…适量
※新鲜蔬菜：1/2个洋葱、1/4棵西芹、
　1/4个胡萝卜、1/4个彩椒（红色）、
　1/4个西葫芦。

制作方法

1 将新鲜蔬菜全部切薄片，并炒熟变软。

2 鸡蛋搅拌均匀，倒入豆乳。加入步骤1的混合蔬菜，一起注入蛋挞坯料中。

3 撒上马苏里拉奶酪，用已加热至180℃的微波炉的余热烤制约30分钟。

4 烤制完成之后，用细叶芹装饰。

菠菜饺子

材料（12个用量）
皮

菠菜…75g
水…110mL
高筋面粉·低筋面粉…各50g
盐…1撮

馅

圆白菜（切末）…100g
盐…少量
杏鲍菇（切末）…90g
香味料汁（参照第222页）…1小匙
生姜（切末）…少量
小葱（切小段）…2根
蚝油…1大匙

制作方法

1. 擀皮。将菠菜和水一起放入搅拌器，搅拌至糊状。从中取65g连同面粉和盐一起放入碗中，揉搓至光滑。用保鲜膜包住，醒30分钟。
2. 拌馅。圆白菜撒盐后放置片刻，水分析出后将水分攥干。杏鲍菇用香味料汁稍加炒制。
3. 将步骤2半成品和剩余材料放入碗中充分搅拌。
4. 将面团分成若干个单个重量为10g的小面团，用擀面杖擀成直径为8cm左右的圆形面皮。放上馅料，包成三角锥形。放入已烧开的蒸锅内，大火蒸约10分钟。

南瓜馅虾饺

材料（12个用量）
皮

高筋面粉·低筋面粉…各50g
南瓜薄片…10g
热水…70mL
盐…1撮

馅

做法同番茄饺（第31页），使用成品1/4的量。
虾…12个

饺子3拼

用蔬菜和面，就能做成彩色饺子。蒸煮之后的健康美食，绝对是派对上的宠儿。

制作方法

1. 按照制作菠菜饺的方法做饺子皮。
2. 虾剥壳，剔除黑线。将面团分成若干个单个重量为10g的小面团，用擀面杖擀成直径为8cm左右的圆形面皮。放上馅料，再放上虾肉，从两侧对捏饺子皮并捏出褶子。放入已烧开的蒸锅内，大火蒸约10分钟。

番茄饺

材料（8个用量）
皮
| 高筋面粉、低筋面粉…各50g
| 热水…55mL
| 盐…1撮
| 番茄糊…20g
馅
| 圆白菜（切末）…250g
| 盐…1/2小匙
| 猪肉末…100g
| 大葱（切末）…1大匙
| 生姜（切末）…1小匙
| 大蒜（切末）…少量
| 韭菜（切末）…50g
| 酒…1/2大匙
| 酱油、香油…各1大匙
| 胡椒粉…少量

※馅为方便制作的用量，此处使用约一半的用量。

制作方法
1. 擀皮。将所有材料放入碗中混合，用手揉搓至润滑。用保鲜膜包裹，放入冰箱醒30分钟。
2. 拌馅。圆白菜末撒盐后放置片刻，水分析出后将水分攒干。放入碗中，混入剩余的材料，充分搅拌至发黏。
3. 将面团分成若干个单个重量为10g的小面团，用擀面杖擀成直径为8cm左右的圆形面皮。放上馅料，用番茄饺皮（用量外，做法参见第30页）包住。放入已烧开的蒸锅内，大火蒸约10分钟。

叉烧苹果派

用鸡架汤煮过的苹果搭配带有中式口感的叉烧。
铺上花边点心纸张，更显华丽。

材料（8个用量）

叉烧肉（成品）…50g
大葱…25g
苹果…1个
鸡架汤…50mL
冷冻派坯料（24cm×34cm）…
2片
蛋液…适量
☆色拉油

制作方法

1. 叉烧肉和大葱切成丁。苹果削皮之后去核，切成丁。
2. 锅中倒入色拉油加热，炒大葱丁。炒至柔软之后加入叉烧肉及苹果丁，稍加炒制。
3. 注入鸡架汤用中火煮制，一边煮一边搅拌至汤汁收干。放入托盘中，冷却。
4. 用叉子在冷冻派坯料上扎孔。将步骤 3 半成品8等分，用勺子等间隔放在坯料上。涂抹蛋液，上方盖上另一片坯料。切成8等份后，用叉子压实边缘，使坯料紧密贴合。
5. 表面涂抹蛋液，用预热至170℃的烤箱烤制约20分钟。

虾馅锅巴

用煎饼代替锅巴，即可做出一道方便拿取的可口点心。

材料（9个用量）

海鲜馅

| 虾仁…9个
| 鱿鱼…100g
| 煮熟竹笋…50g
| 胡萝卜…2cm
| 荷兰豆…14个
| 鱼板（切薄片）…9片

A

| 鸡架汤…100mL
| 酒…1大匙
| 酱油…1大匙
| 蚝油…1小匙
| 白砂糖…少量

水溶马铃薯粉…适量

炸煎饼…9片

☆盐、色拉油

制作方法

1. 制作虾馅。虾仁去黑线。鱿鱼切成可一口食用大小。将煮熟竹笋切成薄片，胡萝卜用模具刻成花朵形状。荷兰豆去硬筋之后用盐水煮，切成两半。

2. 平底锅中倒入色拉油加热，加入虾仁及鱿鱼翻炒。变色之后放入荷兰豆以外的蔬菜一起炒，再加入鱼板及材料A。沸腾之后撒入水溶马铃薯粉，使其充分溶化。

3. 将步骤2半成品放在炸煎饼上，最后用荷兰豆装饰。

迷你蒸蛋

放入带盖小器皿内的精
致蒸蛋。
加上虾肉，口感滑、润，
更营养。

材 料（可做20碗，器 皿
直径约5cm）

蒸蛋
| 鸡蛋…75g
| 汤汁…200mL
| 味醂…1小匙
| 薄口酱油…2小匙
| 盐…1/2小匙

虾（小）…20个

秋葵…4个

调味料
| 汤汁…50mL
| 薄口酱油…1/2小匙
| 味醂…1小匙
| 盐…1/5小匙
| 马铃薯粉…少量

制作方法

1. 鸡蛋搅拌均匀，放入汤汁、味醂、薄口酱油、盐，轻轻搅拌。过
   滤之后注入器皿中，再放入蒸锅中蒸约15分钟。
2. 虾去虾线，剥壳。秋葵切成圈状，取出子。将虾、秋葵稍加炒制。
3. 将调味料放入锅中加热，再加入适量的水调制成糊状。
4. 将虾及秋葵放在蒸蛋上，淋入调味料调味。

萝卜生火腿花瓣造型饼

用萝卜包住生火腿，就能呈现花瓣造型的优美菜品。

材料（8个用量）

萝卜（切片）…8片
生火腿…4片
鸭儿芹…8根
酸奶油…适量
☆盐水

制作方法

1. 萝卜削皮之后切片，用盐水（盐度均等于3.5%）浸泡至柔软，捞出控干水分。
2. 生火腿切成比萝卜片稍小的尺寸。鸭儿芹择除叶片，稍稍过热水。
3. 依次加上萝卜片、生火腿，最后涂上酸奶油。
4. 对半折叠，再用打结的鸭儿芹装饰。

萝卜糕

看似寡淡的萝卜，用模具刻出造型之后加入汤汁，即为一道让人惊喜的美味。

材料（12个用量）

萝卜（削皮）…150g
培根…50g
大米粉…100g
小麦淀粉…40g
小葱（切小段）…10g
干虾…8g
香味料汁（参照第222页）…3小匙
水…200mL
料汁
　酱油…适量
　醋…适量
　辣椒油…适量
☆盐、胡椒粉、白砂糖、色拉油

制作方法

1. 萝卜切碎，培根切末。
2. 平底锅放入2小匙香味料汁加热，炒制步骤1半成品。炒至变软之后，分别加入100mL水、少量盐、少量胡椒粉，把汁水收干。
3. 将大米粉、小麦淀粉、100mL水混入步骤2半成品中，再用1小匙香味料汁、1/2小匙盐、胡椒粉、白砂糖调味。注入耐热容器内（1cm高度），用已烧开的蒸锅大火蒸煮约25分钟。
4. 步骤3半成品冷却之后用葫芦模具刻出造型，放入倒有色拉油的平底锅内中两面煎至上色。装盘，插上水果扦。

花椒风味照烧鸡翅

郁金香造型的花椒香味鸡翅方便食用，更显华丽。
烤焦脆的饺子皮也是会让人意外的美味。

材料（8个用量）

鸡翅…8个

照烧料汁

> 酱油…1大匙
>
> 酒、味酥…各1大匙
>
> 蜂蜜…1大匙
>
> 胡椒粒…1小匙

饺子皮…8张

豇豆…4根

紫洋葱…1/4个

☆色拉油

制作方法

1. 将鸡翅的关节反向折弯，入刀剔除翅尖。除去2根鸡翅骨头中较细的一根，剥下鸡肉，捏住翅尖部位制作成郁金香形状。

2. 将色拉油倒入平底锅中，烧热后倒入鸡翅，边转动边烤。

3. 将所有照烧料汁的材料混合。将步骤2半成品加热之后，加入料汁。

4. 将饺子皮放入烤箱烤成焦黄色。将豇豆放入热水中煮一遍，竖直切开之后打结，将紫洋葱切成条。

5. 将紫洋葱撒在饺皮上，放上鸡翅，并用豇豆结装饰。

Recipe 030

莲藕包

小巧的包子，加入虾、毛豆、鳗鱼等多色食材。
再用鲜艳的彩绘小盘盛放，更显华丽。

材料（6个用量）

莲藕…250g

虾…4个

烤鳗鱼…1/2片

盐…1/2小匙

毛豆（煮后取出豆）…20粒

酱汁

　汤汁…150mL

　味酥…1大匙

　酱油…1大匙

　水溶马铃薯粉…1.5大匙

花椒芽…6片

制作方法

1　莲藕削皮（厚削）后切成丁。

2　虾剥开，去掉虾尾、黑线，切成4等份。将烤鳗鱼切成1cm见方的小块。

3　将步骤 1 半成品放入碗中，加盐之后充分混合，加入处于湿润状态的莲藕（莲藕控干水分放入不会凝固），加入虾、烤鳗鱼、毛豆，充分混合。

4　将步骤 3 半成品6等分后团成球状放入耐热器皿中，用已烧开的蒸锅蒸约10分钟。

5　制作酱汁。将汤汁、味酥、酱油放入锅中，煮开之后加入水溶马铃薯粉，制作成糊状。

6　将酱汁淋入步骤 4 半成品中，再用花椒芽装饰。

果醋甜橙酱汁鸭肉

用甜橙和果醋腌制富含美容维生素（维生素B_2）
的鸭肉。
配上绿色装饰物，美味又不单调。

材料（方便制作的用量）
鸭胸肉…200g
A
 | 甜橙…1个
 | 大蒜…1片
 | 橄榄油…少量
 | 果醋…3大匙
 | 红酒…3大匙
绿叶菜…适量
☆盐、胡椒粉

制作方法

1 将鸭胸肉用盐、胡椒粉腌制后，用平底锅双面煎。从平底锅中取出之后用锡纸包住，放置片刻。

2 甜橙切薄片之后放入锅中，加入剩余的材料A，开火加热。

3 将步骤 1 中的鸭胸肉切成薄片。将绿叶菜铺在器皿上，将鸭肉装盘，浇上步骤 2 的酱汁。

洋葱酱汁羊肉

热量低、适合减肥者食用的羊肉，搭配辛辣的洋葱酱汁。
在长器皿中排成一列，使派对更显华丽。

材料（6个用量）
羊排…6根
A
|西芹…6棵
|大蒜…1/2片
|洋葱…1/3个
|凤尾鱼…3片
B
|橄榄油…20mL
|马刺草（醋泡）…1大匙
|盐、胡椒…各少量
|红辣椒…少量
☆盐、胡椒粉

制作方法
1　将材料A切末之后放入碗中，加入材料B之后混合。放入冰箱，腌渍半天。
2　除去羊排多余的油脂，切开。撒上盐、胡椒粉，用平底锅双面煎。
3　将步骤1半成品放入器皿中，再将步骤2半成品如图所示摆入盘中。

莲子羹

这碗热乎乎的莲子羹也是一道药膳。
配上肉酱馅的迷你春卷，美味又营养。

材料（8个用量）
大米…1/2杯
水…1.5L
莲子…1/2杯
盐…少量
肉酱春卷
　香味料汁（参照第222
　页）…1小匙
　猪肉末…50g
　甜面酱…1大匙
　烧卖皮…适量
毛豆…适量
枸杞子…适量
香菜…适量
☆盐、色拉油

制作方法

1. 大米清洗之后，在等量的水中浸泡30分钟左右。

2. 将步骤1成品及莲子放入厚底锅中，大火加热。沸腾之后调至小火，盖上锅盖煮约1小时。煮好之后，用盐调味。

3. 制作肉酱春卷。用平底锅加热香味料汁，并炒猪肉末。变色之后加入甜面酱，关火。

4. 用烧卖皮将步骤3半成品包成棒状（迷你春卷）。将色拉油倒入平底锅内大火加热，再将迷你春卷炸至酥脆、金黄。

5. 将步骤2的粥盛入小碗内，撒上枸杞子、毛豆（盐水煮后取出豆），再用香菜装饰。最后，摆上肉酱春卷。

海带鱼棒寿司

在鲭鱼上加上浓厚的山药海带汁，就能制作成一口吃下的寿司。
每份寿司上都用一朵小菊花装饰，更显华丽。

材料（合适用量）
鲭鱼…1片
山药海带…适量
小葱…3根
寿司饭（参照第15
页）…150g
小菊花…适量

制作方法
1 将保鲜膜铺在卷帘
  上，正面朝下放入
  鲭鱼。
2 将山药海带、小葱
  放在鲭鱼上。
3 将寿司饭搓成棒状，
  放置于步骤2半
  成品上卷起，并修
  整形状。
4 切成方便食用的
  大小，并用小菊花
  装饰。

2种日式餐前点心

自制的香脆炸莲藕以及肥厚入味的香菇，热气腾腾又美味。

莲藕片和土豆沙拉

材料（6个用量）

莲藕（厚1.5mm）…10片
土豆（小）…1个
牛奶…适量
蛋黄酱…1大匙
青紫苏叶…2片
☆盐、胡椒粉、色拉油

制作方法

1. 将莲藕片用水浸泡。捞出后擦干表面水分，放入已加热至160~170℃的色拉油中炸。

2. 土豆连皮用盐水煮。煮好之后剥皮捣碎，加入牛奶使其变柔滑，再加入蛋黄酱、盐、胡椒粉，最后混入切碎的青紫苏叶。

3. 将步骤 2 半成品放于步骤 1 半成品上，再将炸好的莲藕放在上方装饰。

香菇和卡蒙贝尔奶酪

材料（6个用量）

香菇…6个
卡蒙贝尔奶酪…6块
青椒…6个
☆盐、胡椒粉、色拉油

制作方法

1. 香菇洗净，放入已倒有色拉油的平底锅中双面煎，并用盐、胡椒粉调味。将青椒也用色拉油双面煎。

2. 香菇内面朝上装盘，再放上卡蒙贝尔奶酪和青椒，并用扦固定。

Recipe 036

鲍鱼包虾

鲍鱼是品质较好的食材之一。
鲍鱼壳可作为器皿，并在其中填入香味蔬菜风味的馅料。

材料（8人用量）

鲍鱼（小）…4个
酒…30mL
大葱…3cm
生姜…1片
虾馅
　小虾…8个
　香味料汁（参照第222页）…1小匙
　酱油…1小匙
　酒…1小匙
　鸡架汤…100mL
　水溶马铃薯粉…适量
秋葵…1个
☆盐

制作方法

1 鲍鱼上稍稍撒点盐，用刷子刷掉污泥等杂质。

2 鲍鱼摆放于耐热器皿中，淋上酒，再放上切薄的大葱及姜片。放入已烧开的蒸锅中，中火蒸4~5分钟。

3 从壳中取出鲍鱼肉，剔除肝脏等不能食用的部分。将鲍鱼肉切碎之后，放回壳中。

4 制作虾馅。小虾切成粗末。平底锅加热香味料汁，炒制小虾。变色之后添加酱油、酒、鸡架汤，加入水溶马铃薯粉调成糊状。

5 将秋葵切片。将步骤 4 半成品加入步骤 3 半成品中，盐水煮过之后用秋葵片装饰。

柠檬金枪鱼排

生吃也很美味的金枪鱼只需开火加热表面。
色泽鲜艳的酱料及金枪鱼都清凉、可口，再
加上带酸味的柠檬提味。

材料（方便制作的用量）

金枪鱼…1块

大蒜（切末）…1瓣

柠檬…1/2个

A

| 彩椒（橙色）…1/4个

| 鲜奶油…2~3大匙

| 帕尔玛奶酪…少量

| 黑胡椒碎…少量

莳萝…适量

☆盐、胡椒粉、橄榄油

制作方法

1 金枪鱼切成6等份，撒上盐、胡椒粉。

2 将蒜末、橄榄油放入平底锅内加热，再将步骤1的金枪鱼双面煎。取出之后，放上切成薄片的柠檬。

3 将材料A放入搅拌器，搅拌制作酱料。

4 将酱料、金枪鱼均放入冰箱冷藏。食用时，将酱料倒入盘内，放上金枪鱼，用莳萝装饰。

夹心泡芙

这道泡芙是用有嚼劲的薏米、莲藕、牛蒡作为夹心，再加上两种奶油奶酪，口感丰富。

明太子奶酪

材料（方便制作的用量）
奶油奶酪…50g
明太子…1/2只
飞鱼卵…适量

制作方法
明太子（明太鱼卵）除去薄皮。混合所有材料。

小葱奶酪

材料（方便制作的用量）
奶油奶酪…50g
小葱…7根
红葱…1根
☆盐、胡椒粉、柠檬汁

制作方法
将小葱和红葱切碎，同其他所有材料混合。

泡芙

材料（方便制作的用量）
小麦粉…50g
烘焙粉…1小匙
牛蒡…25g
奶酪…适量
A

　酸奶…25g
　豆乳…40mL
　橄榄油…2小匙
　莲藕…50g
　洋葱…60g
　薏米…15g

制作方法
1. 将材料A放入搅拌器搅拌，再混入小麦粉、烘焙粉、切成薄片的牛蒡。
2. 放入模具中，用预热至200℃的烤箱烘烤20~30分钟。
3. 烤至上色之后取出冷却，对半切开夹入奶酪，并用水果扦固定。

制作方法

1. 制作花卷坯料。将低筋面粉倒入碗中。干酵母用温水溶化，加入低筋面粉中。添加白砂糖、盐之后混合至柔滑，再加入色拉油并用手揉匀。

2. 大致混合至无粉状之后放置于台面，继续揉使其变得光滑。

3. 放入事先涂过色拉油的碗中，放置于温暖环境下使其发酵1次（夏季30分钟，冬季1小时）。

4. 发酵至2倍左右之后，放置于事先撒过面粉的台面上。用擀面杖擀成长方形，长边靠近身体一侧横向摆放，表面涂上色拉油。从内侧及里侧折入，在中央对齐边缘。8等分后切开，用筷子压住中央调整形状。

5. 将步骤4的坯料在温度环境下放置10分钟左右，进行2次发酵。

6. 放入已烧开的蒸锅中，大火蒸10分钟左右。

7. 将步骤5半成品放凉之后用刀划出切口，夹入莴苣叶、叉烧、黄瓜、大葱白。摆盘，加入辛辣蛋黄酱料汁。

Recipe 039

叉烧夹心手工小花卷

手工制作花卷，大小按自己喜好。
制作方法简单，夹入叉烧后美味又浓香。

材料（8个用量）
花卷坯料
  低筋面粉…100g
  干酵母…1/2小匙
  温水…55mL
  白砂糖…1/2大匙
  盐…1撮
  色拉油…1/2大匙
莴苣叶…适量
叉烧（成品）…适量
黄瓜（切片）…适量
大葱白…适量
辛辣蛋黄酱料汁（参照第222页）…适量
☆色拉油、面粉

Recipe 040

炸虾拼盘

裹着2种不同面衣的炸虾，柿子种面衣微辣，春卷皮面衣嘎嘣脆。加上一点盐，一盘吃不够。

材料（8个用量）

虾…8个
面衣
| 小麦粉…100g
| 水…100mL
| 鸡蛋…1个
| 柿子种…50g
| 春卷皮…2片
岩盐…适量
☆色拉油

制作方法

1. 虾保留尾部，除去虾壳及黑线。
2. 混合小麦粉、水、鸡蛋，裹在虾肉上。
3. 柿子种放入塑料袋内，用瓶底或擀面杖等敲打成柿种面衣。春卷皮切碎成春卷皮面衣。
4. 其中4个虾裹柿种粉面衣，剩下4个裹春卷皮面衣，并用180℃油炸制。最后，用岩盐调味。

注：柿子种（用糯米和黄生做成的日式小点心）。

材料（6~8人用量）
意大利面（实心）…
100g
大蒜（切薄片）…1瓣
大蒜（切末）…1瓣
红辣椒（去子）…1/2根
西芹细末…少量
☆盐、橄榄油

Recipe 041

叉卷意大利面

将不容易拿取的意大利面用叉子卷起，
即可变身为一口就可吞下的派对美食。

制作方法

1. 将切成薄片的大蒜油炸。将意大利面用水
煮。将橄榄油倒入平底锅内，炒制大蒜末，
再用小火炒制红辣椒，加入煮意大利面
的汤汁，制作辣椒酱。

2. 加入意大利面和西芹细末一起混合，并
用盐调味。用叉子卷起之后装盘，用切片
的红辣椒、西芹装饰。

※黄油、酱油味的意大利面：使用10g黄油和适
量橄榄油，炒制1瓣大蒜末、1片切碎的培根，
再加入煮过的意大利面（干面100g）混合。加
入少量黄油和20mL酱油，用叉子卷起，再用
切碎的紫苏装饰。

材料（10个用量）
大米…1/2杯
杂粮（可以不加）…1小匙
洋葱（切末）…1/8个
黄油…10g
姜黄…1/8小匙
白葡萄酒…25mL
鸡肉清汤…400mL
奶酪粉…5g
奶酪球（直径为1cm）…
10个
莴苣叶…少量
高筋面粉、蛋液、玉米片、
番茄酱（成品）…各适量
☆盐、胡椒粉、色拉油

Recipe 042

炸饭团

香脆的面衣里面裹着热
腾腾的奶酪，再配上一
点番茄酱。

制作方法

1 将黄油放入锅中化开后，中火将洋葱末
炒至变软。加入大米、杂粮、姜黄，炒
至大米变得透亮。

2 添加白葡萄酒，注入1/4量的鸡肉清汤，
加入盐、胡椒粉，盖上锅盖之后小火煮。
水分熬干后，分3次倒入剩余的鸡肉清
汤，再加入奶酪粉充分混合。倒入托盘

内待其冷却，裹上保鲜膜后放入冰箱冷藏。

3 将步骤 2 半成品与奶酪球搓成球状。依
次裹上高筋面粉、蛋液、手捏碎的玉米
片作为面衣，再用加热至180℃的色拉油
炸制。

4 同莴苣叶一起装盘，蘸番茄酱一同食用
即可。

蔬菜卷

将薄薄的肉片稍加烤制，健康又美味。

材料（6~8人用量）
鸡柳…4个
秋葵…4个
玉米笋…4个
圣女果…6个
☆盐、胡椒粉、色拉油

制作方法
1 秋葵、玉米笋用盐水煮。秋葵去蒂，将其中1个切成片作为装饰。
2 将鸡柳对半切开之后夹入2片保鲜膜之间，用肉锤敲打使其变薄。撕掉保鲜膜，撒上一点盐及胡椒粉，卷入秋葵、玉米笋，在表面撒上盐。
3 用平底锅加热色拉油，将步骤2的肉卷接合处朝下摆放，边转动边烤。
4 放凉之后切成一口食用大小，用水果扦穿起圣女果、装饰用秋葵。根据个人口味，可添加芥末酱等。

西梅猪肉卷

用猪肉卷入酸甜的西梅一起烤制，肉汁喷香。

材料（8个用量）
猪里脊肉…8片
西梅…8个
☆盐、胡椒粉、橄榄油

制作方法
1 在每片猪里脊肉上放上1个西梅并卷起，撒上盐、胡椒粉。
2 用平底锅加热橄榄油，放入步骤1的猪肉卷。边转动边双面嫩煎。
3 用水果扦穿起，装盘。

新式北京烤鸭

将鸡腿肉裹上甜面酱等一起烤制，鸡肉也能做出北京烤鸭的风味。
卷起后摆盘，方便食用。

材料（8人用量）

鸡腿肉（大）…1块

底料

　甜面酱…1大匙
　酱油…1大匙
　蜂蜜…1大匙
　酒…1/2大匙
　醋…1小匙
　生姜（切片）…1片
　大葱（取葱叶）…1根

北京烤鸭饼…4片
葱丝…适量
黄瓜条…适量
西芹丝…适量
胡萝卜丝…适量
辛辣味噌料汁（参照
第222页）…适量

制作方法

1. 将鸡腿肉放入耐热容器内，并放入底料。用保鲜膜包上，放入冰箱冷藏一晚。
2. 从冰箱取出后，连同容器一起用微波炉（100~150W）加热7~8分钟，至八成熟。
3. 擦干表面水分，用烧烤架（或烤鱼夹）将皮烤香脆。冷却后，切块。
4. 北京烤鸭饼对半切开，放上步骤3半成品及葱丝，蘸上辛辣味噌料汁之后包起。

饺子皮辣味虾

放在用饺子皮制作的花形杯中，还有美味的虾酱。
搭配彩色装饰物，更显华丽。

材料（9个用量）

饺子皮…9片

虾…18个

底料
| 盐、胡椒粉…各少量
| 马铃薯粉…适量
| 蛋白…1/4个

大葱…1根

大蒜（切末）…1大匙

生姜（切末）…1小匙

豆瓣酱…1大匙

混合调味料
| 鸡架汤…100mL
| 番茄酱…3大匙
| 酒…1大匙
| 白砂糖…1大匙
| 盐…1/3小匙
| 酱油…1/2小匙

水溶马铃薯粉…适量

香油…1小匙

小芦笋…适量

彩椒（黄色）…适量

☆盐、色拉油

制作方法

1. 将饺子皮贴合于蛋挞模具内，制作成杯子造型。用预热至160℃的烤箱烤制约10分钟，使整体上色。烤制期间如底部隆起，可用叉子刺穿、排气。

2. 虾剥壳、去黑线，简单清洗后擦掉水分。蘸底料，充分混合。

3. 大葱切成粗末。用平底锅加热色拉油，放入大蒜、生姜、大葱，中火炒至散发香味。

4. 加入虾继续炒，虾变色之后加入豆瓣酱一起炒，充分混合之后添加混合调味料。

5. 沸腾之后撒入水溶马铃薯粉制作成糊状，再用香油增香。

6. 将步骤 5 半成品装入步骤 1 半成品中，最后用盐水煮过的小芦笋、切细条的彩椒装饰。

迷你汉堡

平常所见的大汉堡也能做出小巧、精致的
造型，可选用一些漂亮的水果扦装饰。

材料（6~8人用量）

混合肉末…200g
洋葱…30g
面包粉…1大匙
牛奶…30mL
蛋液…1/2个
肉豆蔻…少量
番茄酱…适量
伍斯达酱…适量
小面包…6~8个
莴苣叶…适量
中等番茄（切片）…1个
西式泡菜…适量
小洋葱圈…适量
☆盐、胡椒粉、黄油、色拉油

制作方法

1. 洋葱切末之后用黄油炒，炒好、冷却后盛入碗中，加入混合肉末、牛奶、面包粉、蛋液、肉豆蔻、盐、胡椒粉之后充分混合。

2. 按人数分配（每个30g左右），排出内部空气的同时用手修整成圆形肉饼。用平底锅加热色拉油，将肉饼放入锅中煎至熟透。

3. 取出肉，将平底锅中剩余的油丢弃。接着，将番茄酱及伍斯达酱混合加热至沸腾，即为酱料。

4. 小面包对半切开，依次加入切好的莴苣叶、混合肉末、酱料。夹入小洋葱圈、西式泡菜、番茄片，用水果扦穿起。

西葫芦糯米鸡

将糯米鸡塞入西葫芦中蒸熟。
鸡肉的味道融入西葫芦中，软糯浓香。

材料（12个用量）
糯米鸡
　糯米…150g
　鸡肉…50g
　胡萝卜…20g
　香菇…1片
　煮竹笋…30g
　香味料汁（参照第222
　页）…2大匙
　鸡架汤…150mL
　酒…2大匙
　酱油…2大匙
　盐、胡椒粉…各少量
西葫芦（粗）…2个
大葱…适量

制作方法

1　制作糯米鸡。糯米清洗之后，放入足
　　量水中浸泡一晚。

2　鸡肉、胡萝卜、香菇、煮竹笋分别切成
　　5mm左右见方的丁。

3　用平底锅加热香味料汁，依次炒步
　　骤2半成品。

4　加入沥干水分的糯米一起炒。油完全渗

入食材之后，加入鸡架汤、酒、酱油、盐、
胡椒粉，中火煮至汤汁浓稠。

5　西葫芦切成3cm长的段，内部挖空之后
　　作为器皿，塞入步骤4半成品（塞成山
　　包状）。

6　放入已烧开的蒸锅中，中火蒸10分钟。
　　蒸好之后，放上切成小圈的大葱。

手拿食品需要重视的颜色效果

造型的三要素（颜色、形状、素材）中，所占比重最大的就是颜色。颜色对菜品最终呈现效果有直接影响，颜色丰富而诱人的手拿食品更受欢迎。通常，暖色会增加食欲，冷色会抑制食欲。阴阳五行思想中，五色分别为"红、黄、绿、黑、白"。如果一道料理同时具有这5种颜色，不仅营养均衡，视觉上也会很诱人。如果食物中难以包含五色，可用托盘、桌布、餐巾、花等颜色补充。

如果想要达到强烈的视觉冲击，就是用红配绿等对比色。此时，应注意陪衬色的比例。5∶5显得太过俗气，陪衬色占1成的比例最合适。

Part
2

下酒的手拿食品

不仅限于派对，
轻松的家庭聚会同样需要各种手
拿食物。
并且，还有推荐搭配酒水种类的
提示。

 日本酒

 啤酒

 红葡萄酒

泡芙

泡芙是法国比较有代表性的休闲食品之一。脆香的外皮搭配咸香的培根、奶酪。里面填上金枪鱼酱、蔬菜沙拉等，十分美味。

材料（6~8人用量）
黄油…50g
水…100mL
盐…1小撮
黑胡椒碎…少量
肉豆蔻…少量
低筋面粉…30g
高筋面粉…30g
鸡蛋…2个
格鲁耶尔奶酪（捣碎）…30g
培根（切碎）…20g

制作方法

1 制作泡芙坯料。锅内混入黄油、水、盐、黑胡椒碎、肉豆蔻，开火加热。黄油化开之后关火，加入过筛后的低筋面粉及高筋面粉，用木勺充分搅拌。

2 搅拌柔滑之后再次开火，中火加热不停搅拌使水分蒸发，直至在锅底形成薄膜。

3 放入碗中，慢慢添加搅拌好的蛋液，同时充分搅拌。提起搅拌勺时食材缓慢落下并留下三角形痕迹，达到这种硬度后坯料才算完成。添加格鲁耶尔奶酪和培根，充分混合。

4 将步骤3半成品放入裱花袋（使用直径1cm圆形裱花嘴）内，在铺有烘焙纸的台面上，将坯料挤出直径约为3cm的球状。最后，放入预热至200℃烤箱内烤制15~20分钟。

材料（方便制作的用量）

鸡蛋…6个

培根或熏肉…40g

A

　奶油奶酪…100g

　蛋黄…5个

　白葡萄酒…少量

　盐、胡椒粉…各少量

蛋黄（装饰用）…1个

细叶芹…少量

全麦粉意大利面…适量

☆黑胡椒碎、橄榄油

制作方法

1 切掉蛋壳上方，轻轻倒出蛋液之后仔细清洗。将内部的蛋黄和蛋白分开，将其中1个蛋黄用于装饰。

2 将培根或熏肉切成5mm大小见方的丁，同材料A混合之后适量放入壳中，并撒上黑胡椒碎。

3 慢慢滴入蛋黄液形成图案，并用细叶芹装饰。

4 平底锅内放入少量橄榄油，将全麦粉意大利面炸过之后放在步骤**3**半成品旁边。

Recipe 050

培根配鸡蛋

将鸡蛋壳作为器皿，放入浓醇的奶油。

Recipe 051

炸橄榄

橄榄裹上面衣之后油炸而成的意大利小吃。

材料（10个用量）
绿橄榄（去核）…10个
小麦粉…适量
蛋液…适量
面包粉…适量
芝麻菜…少量
☆色拉油

制作方法
1. 将从罐头中取出的绿橄榄用纸巾擦去水分。
2. 依次裹上小麦粉、蛋液、面包粉。
3. 用加热至170℃的色拉油炸脆。同芝麻菜一起装盘，穿上水果叉。

Recipe 052

3种奶油夹心甜点

酸甜的水果干和色彩诱人的小萝卜，再夹入美味的奶酪或黄油。

材料（3人用量）
半干杏肉…3个
干无花果…3个
小萝卜…3个
奶油奶酪…30g
红胡椒…适量
明太子黄油
　│ 黄油…20g
　│ 明太子…1小匙

制作方法
1. 将半干杏肉及干无花果从侧面切开，夹住奶油奶酪，并用红胡椒装饰。
2. 混入黄油及明太子，制作明太子黄油。
3. 将步骤2半成品夹入切成两半的干果内。

材料（5个用量）
番茄汁…150mL
琼脂…1g
马苏里拉奶酪…1个
罗勒酱（成品）…1大匙

制作方法

1. 番茄汁开火煮至沸腾后加入琼脂，充分混合溶化之后关火。
2. 将步骤1半成品注入模具内，高度为1cm为止。放入冰箱冷藏，使其凝固。
3. 将马苏里拉奶酪和步骤1半成品切成1cm见方的大小，呈马赛克状摆放于吃鱼餐刀上，并添加罗勒酱。

Recipe 053

马赛克造型马苏里拉沙拉

将番茄制成果冻，摆在造型独特的长勺上，美味又时尚。

最后，点上一些罗勒酱。

饼干棒蘸巧克力

带有辛辣红酒风味的饼干棒，可品尝到双层的巧克力。
放在玻璃杯中，方便拿取。

材料（9个用量）

辛辣饼干棒

| 红葡萄酒…120mL
| 高筋面粉…110g
| 发酵面粉…1/2小匙
| 白砂糖…2g
| 盐…2g
| 橄榄油…1小匙
| 黑胡椒碎…适量

※方便制作的用量（约35根）

黑巧克力蘸汁

| 牛奶…100mL
| 黑巧克力…100g

粉色甘纳许

| 白巧克力…30g
| 牛奶…30mL
| 食用色素（红）…适量

制作方法

1. 制作饼干棒。将红葡萄酒倒入锅中，大火煮沸后调至中火，煮至变为一半分量（使酒精挥发）之后，待其散热。

2. 在碗中混入步骤 1 半成品、高筋面粉、发酵面粉、白砂糖、盐、橄榄油、黑胡椒碎，用手揉至柔滑。搓好之后整个用保鲜膜包住，常温条件下醒30分钟左右。

3. 将步骤 2 半成品切成3mm厚度，并用擀面杖擀成长方形。切成3mm宽度，双手一边转动一边调整成棒状。烤箱预热至160℃，烤制约10分钟。

4. 制作黑巧克力蘸汁。牛奶倒入锅中煮至沸腾后关火，加入切碎的黑巧克力充分混合使其化开。

5. 制作粉色甘纳许。将白巧克力用隔水加热法化开，加入牛奶一起混合，最后添加食用色素染成粉色。

6. 依次将黑巧克力蘸料、粉色甘纳许放入玻璃杯中，放入饼干棒。

Recipe 055

芝麻豆腐沙拉

营养美味的芝麻豆腐沙拉，盛放在精致的勺子上。
最后，再用炸过的馄饨皮装饰。

材料（10人用量）

木棉豆腐…200g
芝麻酱…2小匙
白砂糖…1/2大匙
薄口酱油…1小匙
盐…1/2小匙
香菇…1个
胡萝卜…20g
荷兰豆…4个
白汤汁（稀释）…适量
馄饨皮…适量
☆色拉油

制作方法

1 将木棉豆腐用布包住，轻轻按压出汁水。

2 将步骤 1 的豆腐、芝麻酱、白砂糖、薄口酱油、盐放入食品处理器中，混合至柔滑。

3 将香菇、胡萝卜、荷兰豆切碎。

4 将白汤汁倒入锅中加热，放入步骤 3 的蔬菜丁稍稍加热。

5 将步骤 2 处理后的豆腐放入碗中，加入控干水分的步骤 4 的蔬菜，混合均匀。

6 馄饨皮切成三角形后油炸成蝴蝶形（将切成4等份的馄饨皮沿着中心扭转，再用筷子夹起放入油中，形状稳定之后松开筷子）。

7 装入勺子内，加入步骤 6 的馄饨皮。

2种点心串

带有花椒芽香味的魔芋串和浓醇
海胆酱味的贝柱串。
穿入牙签方便拿取，且小巧精致。

材料（各4个用量）

白魔芋…1片

花椒芽味噌调味料

| 红味噌…30g
| 白味噌…15g
| 蛋黄…1/2个
| 酒…3.3大匙
| 白砂糖…1.5大匙
| 味酥…2小匙

花椒芽…20片

贝柱…4个

海胆粒蛋黄酱

| 海胆粒…30g
| 蛋黄酱…30g

黑芝麻…适量

※花椒芽味噌及海胆粒蛋
　黄酱：方便制作的用量。

制作方法

1　将花椒芽味噌调味料放入锅中小火加热，充分搅拌至变得黏稠。
　　最后，混入切成末的花椒芽。

2　白魔芋用模具切过之后涂上花椒芽味噌调味料，在烧烤架上烤
　　至上色。上方用花椒芽装饰。

3　贝柱用烧烤架稍稍加热，并切片。海胆粒和蛋黄酱混合之后涂
　　在贝柱上，烤至上色。最后，撒上黑芝麻。

毛豆奶酪棒

用春卷皮包裹奶酪片炸制而成，
通透可见的绿豆让人眼馋。

材料（6个用量）
毛豆（水煮后取出豆）…24粒
奶酪…2片
春卷皮…1片
小麦粉…适量
☆盐、色拉油

制作方法

1. 小麦粉用等量的水溶化，
   制作固定春卷皮的糊。

2. 将春卷皮6等分，每片放上
   4粒毛豆。将奶酪片切成宽
   约2cm、和毛豆等长的片，
   在皮的三个边上抹上步骤
   1的糊之后包起。

3. 用加热至170℃的色拉油稍
   稍炸至上色。最后，趁热
   撒上盐。

Recipe 058

腌鱼红椒卷

意大利风味的腌鱼，白色勺子配上红色辣椒。
连同腌泡汁一起吞下，美味无比。

材料（6个用量）

沙丁鱼…3条
腌泡汁
　橄榄油…50mL
　白葡萄酒醋…15mL
　白葡萄酒…15mL
　柠檬汁…1/2个
红辣椒…2个
西芹…少量
☆盐、色拉油

制作方法

1 沙丁鱼切3片之后剔除鱼骨，撒上盐放置20分钟。洗净之后充分擦干表面水分，并去皮。

2 将制作腌泡汁的材料混合于碗中，提前将沙丁鱼浸泡半天或一天使其入味。

3 红辣椒切成1.5cm宽的圈状，用加热至170℃的色拉油稍稍炸制。

4 将红辣椒放置于摆盘勺中，将切好的沙丁鱼装盘，并用西芹装饰。

熏鲑鱼奶油卷

用切片的西葫芦及熏鲑鱼卷起酸奶油，色彩丰富。
用水果叉固定，并将漂亮的切口外露。

材料（6人用量）

熏鲑鱼…6片
西葫芦…1根
彩椒（红色）…1/8个
酸奶油…50g左右
圣女果…6个
☆盐、黑胡椒碎

制作方法

1 将西葫芦两端切掉之后切片，彩椒切成5mm见方的块状。一起用盐水煮。

2 将酸奶油和彩椒混入碗中，用盐、黑胡椒碎调味。

3 将保鲜膜铺在砧板上，西葫芦稍稍交错重叠摆放。上方摆上熏鲑鱼，均匀涂抹步骤 2 半成品之后卷起。直接用保鲜膜包起，放入冰箱冷藏凝固。

4 切段之后撕下保鲜膜，放上圣女果之后用水果叉固定。

2种意式烤面包

经典手拿食品，采用不同食材装饰，色彩及口味平衡。

水煮咸牛肉&牛油果

材料（8个用量）
水煮咸牛肉…100g
牛油果…1/2个
柠檬汁、大蒜…各少量
法式面包（切薄片）…8片
芥末粒、蛋黄酱…各适量
圣女果（红、黄）…各4个
细叶芹…少量
☆盐、胡椒粉、橄榄油

制作方法
1 水煮咸牛肉用橄榄油稍加炒制，再用盐、胡椒粉调味。牛油果切成1cm见方的块状，撒上柠檬汁。
2 大蒜在平底锅内捣碎，浇上橄榄油，用烤架稍加烤制。
3 薄涂芥末粒，放上牛油果及水煮牛肉。涂满蛋黄酱，用切成圈状的圣女果及细叶芹装饰。

蘑菇&菠菜

材料（8个用量）
土豆…1个
蘑菇…3个
菠菜…1/8棵
培根…1片
法式面包（切薄片）…8片
酸奶油…适量
☆盐、胡椒粉、橄榄油

制作方法
1 土豆水煮之后去皮，切成5~8mm厚的片之后冷藏。
2 蘑菇切成6块，菠菜切成1cm长的段，一起用橄榄油双面嫩煎，并用盐、胡椒粉调味。
3 培根切碎，用平底锅炒至焦脆。
4 在法式面包片上涂抹酸奶油，放上土豆、蘑菇、菠菜、培根。

腐竹樱花
虾小吃

在腐竹中夹入樱花虾
及香菜，方便食用，口
感酥香。
香菜味道清香，还能
根据喜好加盐提味。

材料（6个用量）
腐竹…2片
樱花虾…适量
香菜…适量
紫盐
  紫薯粉…1大匙
  盐…4大匙
  黑胡椒粉…适量
八角…1个
☆色拉油

制作方法

1 腐竹用足量水泡开后，擦干表面水分。

2 将腐竹在保鲜膜上摊开，撒上樱花虾及香菜，铺
上另一片腐竹。接着，从上方用保鲜膜用力按压。
充分压实，炸制时不会松散。撕下保鲜膜之后切
成三角形，用加热至170℃的色拉油炸制。

3 将制作紫盐的材料及八角放入塑料袋中（扎紧袋
口），放置1天之后让八角香味浸入盐中。

4 将步骤 2 半成品及步骤 3 半成品装盘。

Recipe 062

迷你皮蛋
豆腐

使用鹌鹑皮蛋制作的
美味中式料理。
加上牛油果酱汁及圣
女果，格外精致。

材料（8个用量）
鹌鹑皮蛋…2个
内酯豆腐…1/2块
牛油果酱汁
┃牛油果…1/2个
┃香油…适量
┃盐…少量
大葱（切圈）…适量
圣女果…适量
豆苗…适量

制作方法

1. 皮蛋剥壳之后切成块。豆腐切成可一口食用
   大小。
2. 制作牛油果酱汁。挖出牛油果果肉用叉子捣碎，
   添加香油及盐之后充分搅拌混合。
3. 将控干水分的豆腐装盘，用勺子将步骤 2 混合
   物舀出呈肉丸状装盘，并放上皮蛋。最后，用
   大葱、圣女果、豆苗装饰。

腌制紫贻贝

用红酒蒸煮的紫贻贝，加上彩椒、圣女果等彩色食
材装饰。
铺上橙色的餐垫，更显华丽。

材料（12人用量）
紫贻贝…12个
白葡萄酒…50mL
A
　紫洋葱…1/4个
　彩椒（黄色）…1/4个
　圣女果…5个
　西芹…1/8根
　香菜…5根
B
　白葡萄酒醋…2大匙
　橄榄油…2大匙
　盐、胡椒粉…各少量
　柠檬汁…2大匙

制作方法

1 将材料A中的蔬菜全部切成粗末。

2 紫贻贝清洗之后除去杂质。将紫贻贝及
白酒放入平底锅中，盖上锅盖开火加热，
贝壳开口之后关火。取出贝肉，除去贝壳。

3 将材料A及材料B放入碗中混合，放入步
骤 **2** 的紫贻贝肉。

4 将步骤 **2** 的贝壳放在盘中，将步骤 **3** 半成
品装盘。

材料（8个用量）
海参（刺身用，切段）…160g
大葱…30g
生姜…5g
青紫苏…2片
味噌…1大匙
山药段…约6cm长
胡萝卜…适量
虾片（成品）…8片
花穗紫苏…适量
☆盐、胡椒粉

制作方法
1 将海参、大葱、生姜、青紫苏切碎，加入味噌之后一起混合。
2 山药切成约8mm厚的片，撒上盐、胡椒粉，放在烤鱼网烤。
3 胡萝卜加工成刨花形状，用筷子等缠绕成卷，放入冰水中。
4 将山药片放在虾片上，再将步骤1的海参肉末搓成球状放在上方。最后，用花穗紫苏及胡萝卜丝装饰。

Recipe 064

虾片配海参

混合虾片、烤山药、海参肉泥
等多重口感。
海参肉泥颜色淡，可用胡萝卜、
花穗紫苏等点缀。

粗麦粉烤茄子

双面嫩煎的茄子，加上风味浓醇的番茄等蔬菜。
装入造型小巧的器皿中，抹上酱汁作为装饰。

材料（12个用量）

茄子…2根

A

| 蒸粗麦粉…50g
| 罐头番茄…60mL
| 白葡萄酒…50mL
| 盐、胡椒粉…各少量

B

| 黄瓜…1根
| 紫洋葱…1/2个
| 柠檬汁…少量
| 胡椒粉…少量

圣女果…适量
罗勒酱（根据喜好）…
适量
☆盐、胡椒粉

制作方法

1 将材料A放入平底锅
  中炒制。

2 将材料B中的黄瓜及
  紫洋葱切末。将材料
  B的所有材料放入碗
  中，充分混合。

3 茄子切成厚度为2~
  3cm的片状，撒上盐、
  胡椒粉。用平底锅双
  面煎，装盘。

4 将步骤 1 及步骤 2
  半成品放在步骤 3
  半成品上，用圣女果
  装饰。根据喜好，用
  罗勒酱点缀。

Recipe 066

烤番茄

小番茄去蒂，嫩煎之后甜味芬芳。
加上杏鲍菇、厚煎鸡蛋，美味十足。

材料（6个用量）
小番茄…6个
杏鲍菇…1个
鸡蛋…1个
甜菜糖…1小匙
圣女果（黄）…适量
☆盐、胡椒粉

制作方法

1　将小番茄平切去蒂。撒上盐、胡椒粉，用平底锅双面煎。

2　杏鲍菇切薄片，用平底锅煎，撒上盐及胡椒粉。

3　鸡蛋均匀搅拌，加入甜菜糖充分混合。用煎蛋锅制作厚煎蛋，煎好之后切成番茄等大尺寸。

4　依次将杏鲍菇、厚煎蛋放在番茄上方，放上番茄蒂一起装盘。最后，摆上黄圣女果作为装饰。

西梅酱汁烤猪肉

猪肉的香气及西梅的甜味搭配得恰到好处。
由于使用了迷迭香及柠檬，所以应尽可能减少调味料的使
用量，以凸显出猪肉的甜味。

材料（方便制作的用量）
猪五花肉（肉块）…100g
去核西梅肉…4个
洋葱…1/2个
白葡萄酒…30mL
西葫芦…1/3根
迷迭香…适量
粉红胡椒…适量
柠檬（切薄片）…适量
☆盐、胡椒粉

制作方法
1 西梅肉切成粗末，洋葱切薄片。
2 将步骤 1 半成品倒入平底锅用小火炒，加入白葡萄酒继续炒。
3 西葫芦切薄片，用平底锅双面煎后取出。
4 猪五花肉切成1cm见方的块状，撒上盐、胡椒粉。将猪五花肉丁放入平底锅内，同迷迭香一起双面煎。
5 西葫芦放在勺子上，步骤 4 半成品装盘。放上步骤 2 酱料，用粉红胡椒、柠檬切片装饰。

胡萝卜沙拉配烤鳗鱼

胡萝卜切丝后做成沙拉，配上烤鳗鱼，浓香中夹着清爽。

材料（方便制作的用量）

烤鳗鱼…1片

胡萝卜…1/2根

A

　橄榄油…3大匙

　苹果醋…1大匙

　盐…少量

　白胡椒粉…少量

　柠檬汁…少量

绿橄榄…适量

细叶芹…适量

制作方法

1　胡萝卜削皮之后切丝，与材料A混合。

2　烤鳗鱼用微波炉加热之后，切成6等份。将步骤 1 半成品放在上方，并用切成圈的绿橄榄及细叶芹装饰。

烤饼双拼

这道法式传统烤饼，使用成品面坯就能轻松完成制作。

涂在奶酪酱上方的馅料还可根据自己喜好选择。

洋葱及培根烤饼

材料（可做1个尺寸为10cm×18cm的烤饼）

洋葱…1/4个
培根…1/2片
冷冻面坯（24cm×34cm）…1片
脱脂奶酪…20g
鲜奶油…10g
☆盐、胡椒粉、色拉油

制作方法

1. 洋葱切薄片，用少量色拉油炒制。培根切成宽5mm的短条，用平底锅炒制。翻炒均匀后装盘，并用厨房纸按压除去油分。
2. 冷冻面坯用擀面杖擀大一圈，并用叉子戳许多气孔。四边用叉子压实，避免烤制时过度膨胀。
3. 将脱脂奶酪和鲜奶油混合，用盐、胡椒粉调味。
4. 冷冻面坯的四边保留1cm，其余部分均涂抹步骤 3 半成品，放上步骤 1 半成品，撒上胡椒粉。
5. 用烤箱以200℃烤制约10分钟，烤至变色。冷却之后分切。

土豆及玉米烤饼

材料（可做1个尺寸为10cm×18cm的烤饼）

土豆…1/2个
罐装玉米…1大罐
奶酪…适量
洋葱…1/4个
冷冻面坯（24cm×34cm）…1片
脱脂奶酪…20g
鲜奶油…10g
☆盐、胡椒粉、色拉油

制作方法

1. 土豆水煮之后去皮，切成8mm厚的片。玉米罐头控干水分。奶酪切成8mm见方的块状。洋葱切薄片，放入锅中用色拉油炒制。
2. 冷冻面坯用擀面杖擀大一圈，并用叉子戳出气孔。四边用叉子压实，避免烤制时过度膨胀。
3. 将脱脂奶酪和鲜奶油混合，用盐、胡椒粉调味。
4. 冷冻面坯的四边保留1cm，其余部分均涂抹步骤 3 半成品，放上炒好的洋葱，撒上其他馅料。
5. 用烤箱以200℃烤制约10分钟，烤至变色。冷却之后分切。

Recipe 070

鸡肉丸子

带有醋香的鸡肉丸子
可勾起食欲，放在点心
脆皮上，方便拿取。

材料（9个用量）
鸡肉末…200g
香菇…2片
大葱…30g
生姜…1片
鸡蛋液…1/4个
酒…1小匙
酱油…2小匙
马铃薯粉…1大匙
日式馅料
 ┌ 鸡架汤…100mL
 │ 酱油…2.5大匙
 │ 白砂糖…2.5大匙
 │ 醋…2大匙
 └ 马铃薯粉…适量
点心脆皮…9个
青紫苏叶…9片
莲藕（切薄片）…9片
☆色拉油

制作方法

1 香菇、大葱、生姜切末，加入鸡肉末、鸡蛋液、马铃薯粉、酒、
 酱油搅拌均匀，搓成丸子形状，用加热至180℃的色拉油炸成金
 黄色。

2 制作日式馅料。将鸡架汤、酱油、白砂糖、醋放入锅中开火加热，
 沸腾之后慢慢加入马铃薯粉增加黏性。

3 将步骤 1 的肉丸子加入步骤 2 的日式馅料中。

4 点心脆皮内垫上青紫苏叶，放上步骤 3 半成品。最后，添加炸过
 的莲藕片。

材料（8个用量）
沙丁鱼（小）…8条
青紫苏…8片
梅肉…适量
奶酪…100g
水萝卜（切片）…8片

制作方法

1 将沙丁鱼头部切下，将鱼身沿着鱼鳍掰开。

2 沙丁鱼皮朝下放好，上方放入青紫苏、梅肉、奶酪之后卷起，并用竹签固定。

3 用加热至180℃的烤箱，烤制约10分钟。最后，放于水萝卜片上。

Recipe 071

烤鱼卷

梅肉配奶酪，可掩盖沙丁鱼的腥味。将水萝卜片作为底部装饰物，可使造型更加精致。

麻婆豆腐配饭团

将经典菜肴放在不锈钢小盘内，即为一道造型独特的
手拿食品。
可用饭团和叉子来搭配这道美味的麻婆豆腐。

材料（10人用量）
烤饭团
花生米…3大匙
干虾…1.5大匙
米饭…1.5碗
酱油…适量
麻婆豆腐
豆腐…1/3块
大葱（切末）…1/2根
大蒜（切末）…1/2瓣
生姜（切末）…1片
猪肉末…75g
豆瓣酱…1小匙
混合调味料
甜面酱…1大匙
鸡架汤…180mL
酒…1大匙
白砂糖…1小匙
酱油…1.5大匙
水溶马铃薯粉…适量
香油…适量
大蒜芽（切成2cm长的段之后
简单炒制）…适量
☆色拉油

制作方法

1 制作烤饭团。花生米切成
粗粒，将干虾切末。拌入米
饭中用手搓圆，表面涂上酱
油。烤至上色。

2 制作麻婆豆腐。豆腐切成
1.5cm见方的块状。用平底
锅加热色拉油，炒葱末、蒜
末、生姜末。炒出香气之后
加入猪肉末，继续炒制。

3 将肉末炒至变色之后加入
豆瓣酱，继续炒制。

4 加入混合调味料，煮沸之后
加入豆腐，收汁（不完全将
汁水收干）。

5 放入水溶马铃薯粉勾芡，淋
上香油。

6 将麻婆豆腐装盘，加上炸好
的饭团，并用大蒜芽装饰。

材料（8个用量）

鲑鱼丝

鲑鱼（刺身用）…60g	鹌鹑蛋…8个
香油…1/2小匙	豌豆…8个
薄口酱油…1小匙	米饭…1碗
白砂糖…少量	辣椒丝…适量
芝麻…适量	☆盐、胡椒粉
大蒜末…少量	

制作方法

1. 鲑鱼切成5mm见方的块状后倒入容器中，加入香油、薄口酱油、白砂糖、芝麻、大蒜末腌制入味。

2. 鹌鹑蛋打入锅中撒上盐、胡椒粉，制作煎蛋。将豌豆煮熟。

3. 将米饭装入勺中，放上鲑鱼、鹌鹑蛋、豌豆，撒上辣椒丝。

Recipe 073

迷你鱼生盖浇饭

用摆盘勺盛装盖浇饭，放上鹌鹑蛋使造型更精致。

Recipe 074

小笼包

用现成面皮制作的
人气点心。
放在别致的小勺上,
方便拿取。

材料（10个用量）
鸡架汤…100mL
食用明胶片…5g
馅料
  猪肉末…80g
  小平菇（切末）…30g
  大葱（切末）…2大匙
  生姜（切末）…1片
  绍兴酒…2小匙
  酱油…1/2大匙
  香油…1小匙
饺子皮（大号且厚）…10张

制作方法

1. 将鸡架汤加热，放入用水泡发过的食用明胶片使
其化开，倒入托盘内，放入冰箱待其凝固。凝固
之后取出，切成粗粒。

2. 碗中混合馅料，充分混合搅拌至产生黏性。加入
步骤 1 半成品，充分混合。

3. 将步骤 2 半成品10等分之后放在饺子皮上，在饺
皮边上蘸水，捏住四个角后在中心对捏，并捏出
褶子。放入已烧开的蒸锅中，大火蒸约10分钟。

Recipe 075

春卷棒

用冰箱中的食材就能轻松制作春卷。
装入玻璃杯之后加上酱料，馅料可根据个人喜好调配。

材料（12个用量）
蟹棒…70g
大葱…1根
香菜（切末）…1根
香味料汁（参照第222页）…1大匙
春卷皮…6片
低筋面粉…适量
酱料
　蛋黄酱…20g
　甜辣酱…20g
　芥末粒…5g
☆色拉油

制作方法

1　蟹棒切成一半长度之后揉开。将大葱及香菜切成粗末。

2　用平底锅加热香味料汁，将大葱末稍加炒制，加入蟹棒及香菜末大致翻炒后关火。

3　用等量水溶化低筋面粉，制作固定春卷皮的糊。春卷皮对半切开，长边靠近身体侧放置。步骤2半成品横向放置，在皮的边缘涂抹面糊，从内侧卷起并修整为棒状。放入加热至170℃的色拉油中稍微炸制。

4　装入玻璃杯中，混合酱料之后放于勺子中。

制作派对食物时常用的装盘配饰

在第8页中已经介绍一些给手拿食品增添色彩的小物件。除此之外，还有许多能够食用的器皿，比如咸味饼干、点心脆皮、煎饼、蛋糕、西芹、菊苣、紫苏叶等。不会弄脏手，还环保、不浪费。将食物作为器皿，今后在派对中会受到更多关注。

①法式面包	②方形咸味饼干
③大米饼	④曲奇饼干
⑤圆形咸味饼干	⑥米糖
⑦点心脆皮	⑧蛋挞皮

①油炸大米饼	②迷你米饼
③春卷皮	④烧卖皮
⑤饺子皮	⑥北京烤鸭荷叶饼

Part
3

闺蜜聚会推荐的
手拿食品

闺蜜等女性朋友聚会，菜肴除了要
美味之外，还要有美感。

章鱼和西芹

材料（6个用量）
章鱼（煮过）…50g
西芹…1/4根
彩椒粉…适量
细叶芹…少量
☆盐、胡椒粉、橄榄油

制作方法
1️⃣ 章鱼及西芹分别切薄片。
2️⃣ 步骤1️⃣半成品放入碗中，用盐、胡椒粉、橄榄油充分混合。放在摆盘勺中，撒入彩椒粉，并用细叶芹装饰。

Recipe 076

3种汤匙点心

直接送入口中，外形精美的摆盘勺是配对餐桌中不可或缺的物品。还能盛放带有汤汁的食物，适合更多菜品。

酸奶沙拉

材料（6个用量）
原味酸奶…300mL
盐…1/3小匙
茴香粉…少量
苹果（小）…1/4个
猕猴桃…少量
橙子…少量
树莓…少量
蓝莓…少量
百里香…少量

制作方法
1️⃣ 将原味酸奶、盐、茴香粉混合均匀。
2️⃣ 装入摆盘勺，摆上切成扇形的苹果、猕猴桃、橙子、树莓、蓝莓。最后，用百里香装饰。

金枪鱼和牛油果刺身

材料（6个用量）
金枪鱼（刺身用）…50g
帆立贝柱…25g
牛油果…1/2个
黄瓜…10g
西芹…5g
红辣椒…10g
柠檬汁…适量
橄榄油…1/2小匙
蛋黄酱…10g
小葱（切成末）…少量
☆盐、胡椒粉

制作方法

1 金枪鱼、帆立贝柱、牛油果、黄瓜、西芹、红辣椒分别切成5mm见方的块状。西芹及红辣椒稍微用盐水煮。将牛油果与柠檬汁混合均匀。

2 将步骤1半成品放入碗中，用橄榄油、蛋黄酱混合，再用盐、胡椒粉调味。

3 装入摆盘勺中，撒上小葱末。

蔬菜千层派

小蔬菜重叠而成的千层派，
隔开一定距离放在造型独特的托盘内。

材料（6个用量）
星形黄瓜…1根
松伞蘑…6个
圣女果（红、黄）…各3个
小芦笋…3根
黑葡萄醋…1大匙
装饰用蔬菜
 │ 黄瓜、沙拉菜、胡萝卜、
 │ 圆生菜叶、圣女果（黄）…
 │ 各适量
☆盐、胡椒粉、橄榄油

制作方法
1 将星形黄瓜、松伞蘑、2种颜色的圣女果均切成
 约3mm厚的薄片。将小芦笋切成薄片。
2 橄榄油、黑葡萄醋、步骤 1 的松伞蘑放入平底锅
 内双面嫩煎，撒上盐、胡椒粉。
3 依次放上星形黄瓜片、松伞蘑、红圣女果、黄瓜、
 黄圣女果、星形黄瓜片，用芦笋卷起，水果叉固定。
4 将步骤 3 半成品装盘，用装饰用蔬菜装饰。

软糖色素食

将颜色鲜艳的蔬菜切成块状后简单蒸煮即成，
可充分保留蔬菜原汁原味。

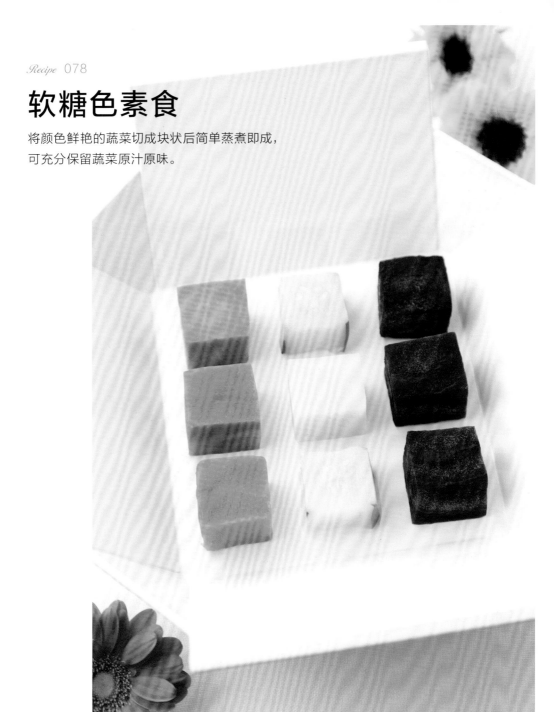

材料（6人用量）
西葫芦…1/2根
胡萝卜…1/2根
土豆…1/4个
甜菜根…1/2个
盐…少量

制作方法

1 将西葫芦、胡萝卜、土豆、甜菜根分别削皮，并切
成2cm见方的块状。

2 将步骤 1 半成品放入蒸锅内，蒸至变软。注意，
不同蔬菜的蒸煮时间有所不同。

3 将步骤 2 半成品装盘，加盐调味即可。

材料（6个用量）
水…1杯
白葡萄酒…200mL
柠檬（榨汁）…1/4个
白砂糖…50g
迷迭香…1根+适量
生火腿（切半）…3片
菠萝…1/3个

制作方法
1 菠萝削皮，除去芯之后切成适当大小。
2 将水、白葡萄酒、柠檬汁、白砂糖、迷迭香（1根）放入锅中，开火煮。煮沸之后加入菠萝，小火煮2~3分钟。火调低，连煮汁一起放入冰箱冷藏一晚。
3 取出步骤2的迷迭香，用搅拌器将200mL煮汁及菠萝搅拌成果泥状。放入冰格内，使其冷冻。
4 冷冻之后用叉子取出，装入玻璃杯内。最后，放上生火腿及迷迭香等装饰。

Recipe 079

迷迭香风味生火腿配菠萝

使用足量的白葡萄酒蜜饯菠萝，新鲜水果风味和生火腿的咸味绝妙搭配。
用造型简洁的烈酒杯搭配不同图案的杯垫，造型也很别致。

材料（方便制作的用量）
石榴醋…50mL
水…150mL
A
┃食用明胶片…5g
┃水…50mL
玫瑰花瓣（食用）…适量

制作方法
1 将石榴醋和水倒入碗中混合。
2 将食用明胶片放入容器内泡发后捞出，用500W的电磁炉加热30秒，溶化开后加入50mL水。
3 混合步骤1及步骤2半成品，注入圆形金属模具内。在中心位置放上玫瑰花瓣，放入冰箱冷藏凝固。
4 凝固之后取下模具，装盘。
※金属模具容易脱模，树脂模具不容易脱模。

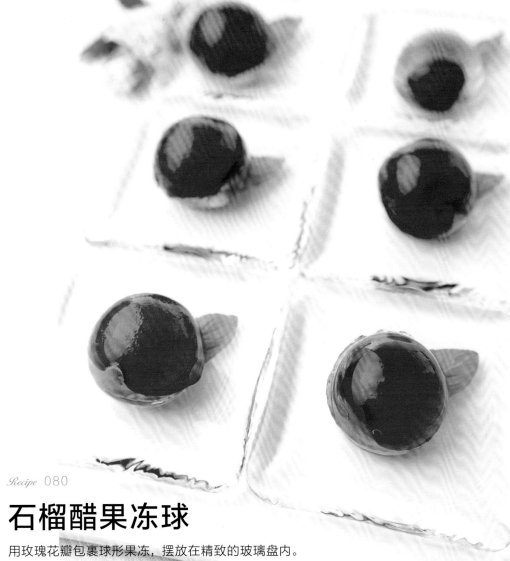

Recipe 080

石榴醋果冻球

用玫瑰花瓣包裹球形果冻，摆放在精致的玻璃盘内。
清爽的石榴醋果冻，最适合在夏季派对上食用。

Recipe 081

蔬菜酱风味果冻

看似是水果甜点，实际是蔬菜汁凝固而成的果冻。
撒上白砂糖来中和蔬菜的酸味，更加适口。

材料（20个用量）
HM果胶…4g
白砂糖…172g
柠檬酸…3g
水…3mL
喜欢的蔬菜汁及水果果冻
等…125mL
糖稀…8g
白砂糖（装饰用）…适量
※HM果胶是用于凝固强酸
　味食物的凝固剂。

制作方法

1️⃣ 混合HM果胶及12g白砂糖。

2️⃣ 在柠檬酸中加水，充分混合使其溶化。

3️⃣ 将蔬菜汁、糖稀、80g白砂糖混合于锅中，开火
加热。

4️⃣ 沸腾之后慢慢加入步骤1️⃣半成品，用发泡器不停
搅拌使HM果胶溶化。

5️⃣ 加入剩余的白砂糖，不停搅拌的同时加热至
108~109℃。

6️⃣ 收汁之后关火，加入步骤2️⃣半成品充分混合。

7️⃣ 立即注入模具中，常温条件下凝固。取下模具，
切成方块，撒上白砂糖。

素食慕斯

将西蓝花及彩椒装入派对用锥形
器皿中，呈现色彩分层效果。
搭配柔滑的慕斯，入口清爽。

材料（12个用量）
西蓝花慕斯
| 西蓝花…30g
| 洋葱（切薄片）…30g
| 鸡肉清汤…100mL
| 鲜奶油…40g
| 食用明胶片…2g
彩椒慕斯
| 彩椒（红色）…30g
| 洋葱（切薄片）…30g
| 鸡肉清汤…100mL
| 鲜奶油…40g
| 食用明胶片…2g
西蓝花…少量
圣女果（黄色）…少量
彩椒（红色）…少量
西芹…少量
☆盐、胡椒粉、色拉油

制作方法

1 制作西蓝花慕斯。将食用明胶片用冰水泡发。
平底锅加热色拉油炒洋葱，注入鸡肉清汤
之后煮至洋葱变软。关火，加入控干水分
的食用明胶片使其化开。加入蒸过的西蓝花，
用盐、胡椒粉调味，冷却片刻后用搅拌器搅
拌过滤。

2 制作彩椒慕斯。将食用明胶片用冰水泡发。
平底锅加热色拉油炒洋葱及切成末的彩椒，

注入鸡肉清汤之后煮至变软。关火，加
入控干水分的食用明胶片使其化开。稍微
冷却后，用搅拌器搅拌过滤。

3 将鲜奶油7分打发，分别加入步骤1及步
骤2半成品中混合。

4 将慕斯装入容器内，将西蓝花慕斯用煮
过的西蓝花及切开的圣女果装饰，彩椒
慕斯用煮过的彩椒及西芹装饰。

素馅点心双拼

在造型别致的盘中整齐摆放着红、白素馅点心。
用西式泡菜及干番茄混合制作2种奶油，颜色及口味更多变化。

圣女果素馅点心

材料（8个用量）
圣女果…8个
蒸粗麦粉…2大匙
黄瓜…1/5根
彩椒（红色）…1/8个
白葡萄酒醋…适量
百里香…少量
☆盐、胡椒粉、橄榄油

制作方法
1. 将蒸粗麦粉放入碗中，加入等量热水混合，盖上保鲜膜蒸10分钟左右。撒上少量橄榄油，待其冷却。
2. 黄瓜及彩椒切成粗末，彩椒用盐水稍微煮一下。
3. 混合步骤2半成品和蒸粗麦粉，用橄榄油、盐、胡椒粉、白葡萄酒醋调味。
4. 切掉圣女果顶部之后除去种子，将步骤3半成品塞入内部，并用百里香装饰。

鸡蛋素馅点心

材料（8个用量）
煮鸡蛋…4个
牛奶…20mL
洋葱（切末）…2小匙
西式泡菜（切末）…1小匙
西芹（切末）…1小匙
蛋黄酱…2大匙
干番茄片（油浸）…2片
橄榄油…1大匙
百里香…少量
细叶芹…少量
☆盐、胡椒粉

制作方法
1. 煮鸡蛋切成两半，挖出蛋黄后将蛋白留用。将蛋黄2等分，分开装入碗中。
2. 在一半蛋黄中倒入牛奶，拌匀，添加洋葱末、西式泡菜末、西芹末、蛋黄酱混合，用盐、胡椒粉调味。
3. 另一半蛋黄中放入干番茄末、橄榄油，用盐、胡椒粉调味，用手动搅拌器搅拌成糊状。
4. 将步骤2及步骤3半成品分别放入裱花袋（套有星形裱花嘴）中，挤入蛋白中。最后，用百里香、细叶芹装饰。

材料（6个用量）

糙米（煮过）…150g

火腿…40g

硬奶酪…30g

带荚菜豆…2根

红椒…1/8个

洋葱…15g

浇汁

| 白葡萄酒醋…5mL

| 橄榄油…20mL

| 芥末粒…1小匙

黑橄榄圈…少量

百里香…少量

☆盐、橄榄油

制作方法

1 糙米简单清洗、去除黏性后控干水，淋上橄榄油。

2 火腿及硬奶酪切成5mm见方的块状。将带荚菜豆、红椒也切成5mm见方的块状，并用盐水煮。将洋葱切末。

3 充分混合浇汁的材料，加入步骤2半成品。

4 糙米装入玻璃杯中，放入步骤3半成品。最后，用黑橄榄圈及百里香装饰。

Recipe 084

糙米玻璃杯沙拉

将健康的糙米做成沙拉装入玻璃杯中，是一道能满足女性朋友喜好的精致美食。

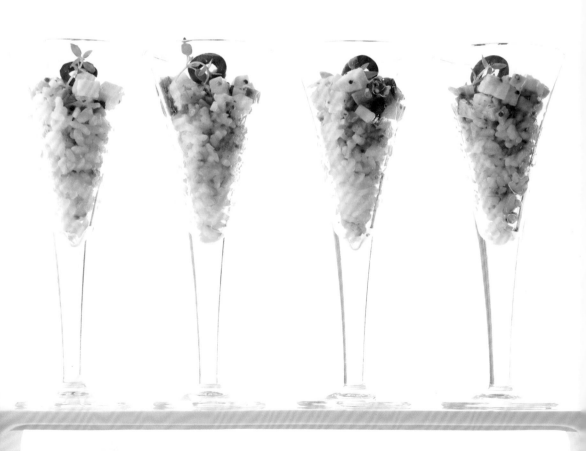

Recipe 085

海鲜卷

用可一口食用的米饼作为器皿，塞满各种海鲜。
加上木薯淀粉珍珠、红醋栗等装饰。

材料（8个用量）

虾仁…12个　　　　黄瓜…1根

帆立贝…2个　　　　方形米饼…8片

鱿鱼…40g　　　　木薯淀粉珍珠…适量

海蜇…70g　　　　酱油…适量

中式浇汁　　　　　红醋栗…适量

　酱油…1小匙

　香油…1小匙

　醋…2小匙

　辣椒油…1/3小匙

　盐、胡椒粉…各少量

制作方法

1 将虾仁、帆立贝、鱿鱼切成8mm
见方的块状，稍稍焯水。海蜇用水
泡发，切成1cm长的段。

2 混合中式浇汁的材料，加入步
骤1半成品。

3 黄瓜切成长条状薄片，在方形米饼
上方卷成圈状。

4 将步骤2半成品放入步骤3半成
品中。放上经过酱油浸泡的木薯
淀粉珍珠，并用红醋栗装饰。

蟹汁蒸蛋羹&中式清汤

放入烈酒杯中的蟹汁蒸蛋羹，配上清汤就是一份华丽的前菜。
美味的蟹肉隐藏在蒸蛋中。

材料（9个用量）

蒸蛋羹

鸡蛋…2个

盐…适量

鸡架汤…130mL

蟹肉罐头汁…20mL

罐装蟹肉…5大匙

中式清汤

中式汤…200mL

食用明胶片…3g

彩椒丁（红、黄2种，均切成3mm见方的块状）…各2大匙

黄瓜（3mm块状）…2大匙

萝卜（切薄片）…9片

彩椒丁（红、黄2种，切成圆形）…少量

☆盐

制作方法

1. 制作蒸蛋羹。将鸡蛋打入碗中，搅匀，加入鸡架汤、蟹肉罐头汁、少量盐，混合之后过滤。

2. 蟹肉放入烈酒杯中，将步骤 1 半成品均分后注入每个烈酒杯中。放入已烧开的蒸锅内，小火蒸约10分钟，蒸好之后待其冷却。

3. 制作中式清汤。加热中式汤，放入已用水泡发的食用明胶片使其化开。

4. 加入切块的彩椒待其冷却，变黏稠之后浇在步骤 2 的蒸蛋羹上，放入冰箱冷藏凝固。

5. 杯口处用刻成花瓣形状的萝卜片装饰。中间用圆形彩椒丁装饰。

甜菜酒杯慕斯

未添加食用明胶，用脱脂奶酪凝固的慕斯。
制作方法简单，放入利口酒杯内，最适合用来招待客人。

材料（6个用量）
甜菜…1/2个
脱脂奶酪…125g
杏仁片…少量
☆盐、胡椒粉

制作方法

1 将甜菜切丝之后放入锅中煮，煮至柔软之后用手动搅拌器搅拌成糊状。

2 将脱脂奶酪放入碗中搅拌。加入步骤1半成品混合，用盐、胡椒粉调味。

3 放入裱花袋（套有星形裱花嘴）内挤入玻璃杯中，并用杏仁片装饰。

材料（8个用量）

秋葵…2个

玉米笋…2个

圣女果…4个

西葫芦…1/3个

虾仁…8个

鸡肉清汤…300mL

食用明胶片…5g

☆盐、胡椒粉

制作方法

1. 将秋葵、玉米笋用盐水煮过之后，竖直对半切开。圣女果竖直对半切开。西葫芦切开之后用鸡肉清汤煮，虾仁也用鸡肉清汤煮，煮好后一并取出。

2. 鸡肉清汤煮至沸腾之后关火，加入已控干水分的食用明胶片使其化开，并用盐、胡椒粉调味。搅动锅底的水使其冷却，直至变得有黏性。

3. 将步骤 1 半成品放入杯中，注入步骤 2 半成品。

Recipe 088

蔬菜慕斯杯

将虾肉及蔬菜放入一口大小的酒杯中，将秋葵及玉米笋摆在上侧，视觉上更显华丽。

3种蘸酱

给咸饼干、蔬菜棒等配上蘸酱，会增添几分仪式感。
使用蔬菜、豆腐等低热量食材，最适合闺蜜聚会时享用。

绿蘸酱

材料（方便制作的用量）
小葱…1根
豆腐…1块
A
| 大蒜…2/3片
| 柠檬汁…2大匙
| 盐…少量

制作方法
1 将小葱切碎。将豆腐捣碎。
2 步骤1 半成品和材料A放入搅拌器中搅拌。

红蘸酱

材料（方便制作的用量）
紫洋葱…1/2个
A
| 马斯卡彭奶酪…200g
| 干虾…2大匙
| 柠檬汁…1.5大匙
| 盐、胡椒粉…各少量
| 栗子肉…适量

制作方法
1 将紫洋葱剥皮，切成末。
2 将步骤1 半成品及材料A放入碗中混合。

黄蘸酱

材料（方便制作的用量）
彩椒（黄）…1/2个
豆腐…1/2块
A
| 培根…70g
| 蛋黄…1个

制作方法
1 将豆腐捣碎。
2 将去子的彩椒、步骤1 半成品、材料A放入搅拌器内搅拌。

材料（9个用量）
甜菜…80g
奶油奶酪…200g
大蒜…1/3瓣
黄瓜…1/2根
蛋挞坯（小）…9个
红胡椒…少量
细叶芹…适量
☆盐、胡椒粉

制作方法

1 将甜菜煮至变软。将甜菜、奶油奶酪、大蒜放入搅拌器中搅拌，加入盐、胡椒粉调味。

2 将黄瓜切成大块。

3 步骤 2 的黄瓜放在蛋挞坯上，按蒙布朗（一种使用粟子泥制作的法式糕点，口感细腻，做工精致）形状挤出裱花袋内步骤 1 的半成品。

4 用红胡椒及细叶芹装饰。

Recipe 090

甜菜蒙布朗

将甜菜和奶油奶酪调制而成的蒙布朗。
仅使用点心脆皮作为托盘，就能衬托食材的鲜艳。

沙拉鸡尾酒

将沙拉装入鸡尾酒杯内，淋上
凝固成膏状的浇汁。
成品不但有柠檬风味的清爽，
还有石榴的多汁。

材料（6个用量）
莴苣叶、沙拉菜等喜欢的沙拉叶
菜…各适量
芦笋…6根
石榴子…适量
浇汁
│ 鸡肉清汤…200mL
│ 柠檬汁…3大匙
│ 橄榄油…3小匙
│ 琼脂…5g
│ 盐、胡椒粉…各适量
☆盐

制作方法

1 将沙拉叶菜全部洗净，并控干
   水分。芦笋去皮之后用盐水稍
   微煮一下，笋尖切下5cm左右，
   竖直对半切开。将石榴子挖出
   备用。

2 制作浇汁。所有材料放入锅中
   充分混合，溶化琼脂。中火加
   热，沸腾之前关火，盛入容器
   之后放入冰箱冷却凝固。

3 酒杯中分别用勺子浇上1大匙
   浇汁。放上沙拉叶菜、笋尖及
   石榴子。根据喜好，添加蛋黄
   酱（用量外）等。

材料

（可制作4~5个重量约为30g的慕斯球）

山药慕斯

| 洋葱（切薄片）…30g
| 山药（切薄片）…1/2根
| 鸡肉清汤…200mL
| 食用明胶片…3g
| 鲜奶油…40mL
| 食用菊花…适量

彩椒慕斯

| 洋葱（切薄片）…30g
| 彩椒（黄色，切薄片）…80g
| 鸡肉清汤…200mL
| 食用明胶片…3g
| 鲜奶油…40mL
| 石榴子…适量
| 细叶芹…适量

小松菜慕斯

| 洋葱（切薄片）…30g
| 小松菜（切碎）…1棵
| 鸡肉清汤…200mL
| 食用明胶片…3g
| 鲜奶油…400mL+适量（装饰用）
| 红胡椒…适量

☆色拉油、盐、胡椒粉

制作方法

1 三种慕斯的制作方法相同。用平底锅加热色拉油，小火充分炒熟洋葱片。

2 炒软之后，加入山药（或彩椒或小松菜）、鸡肉清汤、盐、胡椒粉，煮至收汁。收汁至150mL左右之后关火。加入食用明胶片（用水泡发并控干水分），使其化开。

3 步骤2半成品放入搅拌器中搅拌成糊状。放入碗中，碗底接触冰水增加黏性，混合7分打发的鲜奶油。注入模具中，放入冰箱冷藏凝固。

4 取下模具之后装入勺子内，分别用食用菊花、石榴子、细叶芹、红胡椒等装饰用食材装饰。

Recipe 092

3种蔬菜慕斯

色彩鲜艳的一口可食用慕斯，装入勺子内，造型精美。
制作方法简单，视觉享受丰富，还能品尝到多种健康蔬菜。

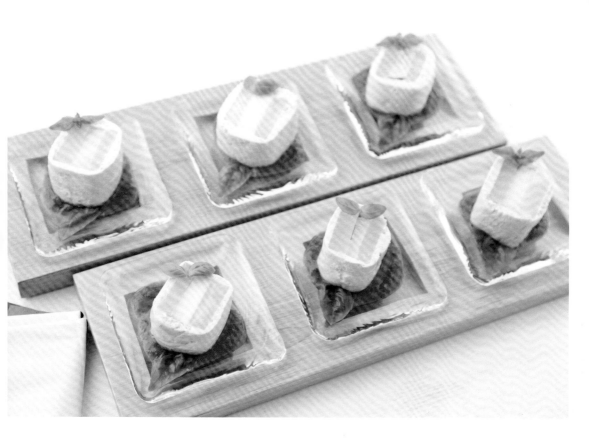

罗勒梅酱汁鸡胸肉

将低热量的鸡胸肉同蔬菜一起蒸，最适合作为减肥餐。
用梅肉搭配彩椒，蘸色泽鲜艳的酱汁食用。

材料（6人用量）

鸡胸肉…6片
梅肉…3大匙
彩椒（红色）…1/2个
罗勒叶…适量
胡萝卜…1根
西葫芦…1个

制作方法

1 将梅肉和彩椒放入搅拌器，充分混合成酱料。

2 将胡萝卜削皮，切成2cm×4cm左右的片状。西葫芦切成相同大小的片状。

3 鸡胸肉去筋，用刀切分至一半厚度。

4 将鸡胸肉放在胡萝卜片及西葫芦片上侧，用保鲜膜包裹、塑形之后放入耐热器皿内。最后，用蒸锅蒸约20分钟。

5 步骤1酱料倒入盘中，放上已除去保鲜膜的步骤4半成品。最后，用罗勒叶装饰。

材料（6人用量）

煮虾仁…6个

黄瓜…1根

圣女果…6个

A

  | 西芹…5g

  | 罗勒…5g

  | 橄榄油…150mL

  | 脱脂奶酪…1大匙

※材料A的酱料为方便制作用
   量，也可使用其他酱料。

制作方法

1. 将材料A的材料均放入搅拌器中搅拌，制作酱料。
2. 黄瓜削成条状，从一端卷起后与末端重合。另一片用同样的方法卷起（每个使用2片）。中心用竹签等堆成造型。
3. 将水果叉穿入圣女果及步骤 2 的黄瓜卷中，放在搓成圆形的虾肉上，虾肉也用水果叉穿入固定。
4. 将酱料倒入盘中，放上步骤 3 半成品。

Recipe 094

黄瓜卷

一圈圈缠绕的可爱黄瓜卷。红色及绿色的搭配更是能给人带来强烈的视觉冲击。

金枪鱼牛油果塔塔酱

用方形透明器皿，装入丰富美味的菜肴。
萝卜、柠檬、珊瑚菜等小巧精致，造型可爱。

材料（8个用量）
金枪鱼（刺身用）…200g
牛油果…1个
柚子胡椒…少量
柠檬汁…1大匙
橄榄油…2大匙
蛋黄酱…2小匙
萝卜（切成半圆形薄片）…适量
柠檬（切成半圆形薄片）…适量
珊瑚菜…适量
☆盐、胡椒粉

制作方法
1 金枪鱼及牛油果切成5mm见方的块状。
2 将柚子胡椒、柠檬汁、橄榄油、蛋黄酱放入碗
   中混合。
3 将步骤1半成品加入步骤2半成品中混合，用
   盐、胡椒粉调味。
4 将直径为3cm的模具放入器皿中，塞满步骤3
   半成品之后取出。
5 用萝卜片及柠檬片、珊瑚菜装饰。

生春卷皮包菜

生春卷皮包成烧卖状，放入制作中式料理时较常用的榨菜及火
腿等美味食材。

材料（12个用量）
黄瓜…1/2根
榨菜（有味）…30g
火腿…2片
大葱…2cm
生春卷皮（小尺寸）…15片
装饰用
┃ 圆形胡萝卜丁…适量
┃ 圆形火腿丁…适量
┃ 黄瓜片…适量
┃ 圆形黄瓜丁…适量

制作方法

1️⃣ 将黄瓜、榨菜、火腿、大葱切碎。

2️⃣ 生春卷皮中的3片切成4等份。将1/4张春卷皮和1整张春卷皮作为1套使用。

3️⃣ 将未切的1整张春卷皮稍微泡水之后，摊开在用水弄湿的厨房纸上。中央位置放上切成1/4张春卷皮，再放上1大匙左右步骤 1️⃣ 半成品。用春卷皮包起馅料包成烧卖状，将黄瓜片从中间掏空，在春卷皮合口位置套入固定。

4️⃣ 将事先穿入胡萝卜丁、火腿丁、黄瓜丁的水果叉穿入步骤 3️⃣ 半成品中。

材料（6个用量）
叉烧肉（成品）…4片
胡萝卜…1/4根
黄瓜…1/2根
圆白菜…2~3片
辛辣味噌料汁（参照第222
页）…2大匙
小葱…适量

制作方法
1. 叉烧肉、胡萝卜、黄瓜分别切成条状。
2. 将胡萝卜及圆白菜用水煮。择去圆心菜菜心，方便卷起。
3. 圆白菜放在卷帘上，放上叉烧肉、胡萝卜、黄瓜，从内侧开始用力卷起。连着卷帘一起用力握紧使水分控干，再用橡皮筋扎紧放入冰箱冷藏30分钟左右。
4. 辛辣味噌料汁倒入勺子上。将步骤3半成品切成长度约2厘米的卷后放入勺中，并用小葱装饰。

Recipe 097

圆白菜叉烧包

叉烧包适合作为家常菜的前菜。以甜面酱为底料的酱料可给这道料理增添风味，连着酱料一口吞下，美味、可口。

Recipe 098

3种烧卖

小点心也能为派对增添色彩。色彩及形状别致
的烧卖，如同日式点心般。3种馅料各有特色。

黄色糯米鱿鱼烧卖

材料（5个用量）

糯米…50g

姜黄…1/2小匙

水…50mL

馅料

　鱿鱼…80g

　洋葱（切末）…25g

　生姜（切末）…少量

　香味料汁（参照第222页）…1小匙

　马铃薯粉…2大匙

　酒…少量

　盐、胡椒粉…各少量

胡萝卜（用模具切成圆形）…5个

制作方法

1 糯米洗净，混入姜黄和水之后浸泡一晚，控干水分。

2 制作馅料。将鱿鱼切成碎块。同其他材料混合之后放入碗中，充分混合。

3 将步骤2半成品5等分之后搓圆，撒上步骤1半成品，放上胡萝卜丁。放入已烧开的蒸锅内，大火蒸15分钟。

碎面皮鸡肉清汤烧卖

材料（8个用量）

A

　鸡肉末…80g

　酒…1小匙

　酱油…1/2小匙

　胡椒粉…少量

慈姑（罐头）…2个

香菇…1个

洋葱（切末）…50g

B

　生姜（切末）…50g

　马铃薯粉…1.5大匙

　香油…1小匙

烧卖皮…12片

制作方法

1 将材料A放入碗中混合，充分搅拌至产生黏性。

2 慈姑切末，香菇洗净后切末。加入洋葱末及材料B，搅拌均匀。

3 将步骤2半成品8等分之后搓圆，撒上切成细条的烧卖皮。放入已烧开的蒸锅内，大火蒸10分钟。

四叶草形猪肉烧卖

材料（6个用量）

A

　猪肉末…60g

　酒…1小匙

　酱油…1/2小匙

　胡椒粉…少量

洋葱（切末）…50g

马铃薯粉…1.5大匙

B

　干虾…1小匙

　生姜（切末）…少量

　香油…1小匙

烧卖皮…12片

彩椒（红色，切末）…适量

西蓝花（切末）…适量

制作方法

1 制作馅料。将材料A放入碗中混合，充分搅拌至产生黏性。

2 马铃薯粉撒在洋葱末上，混入步骤1半成品中，加入材料B之后充分混合。

3 将步骤2半成品6等分，放在2片叠放的烧卖皮上。烧卖皮的4个角朝向中央位置包住馅料，并修整成四叶草形状。口袋部位塞入彩椒末及西蓝花末，放入已烧开的蒸锅内，大火蒸10分钟。

Recipe 099

肉丸子翡翠汤

鸡肉丸子配中式靓汤，肉里面还包裹着鹌鹑蛋。
用白瓷釉的高档器皿盛装，汤色更显诱人。

材料（6个用量）

鸡肉丸子

| 鸡肉末…150g
| 大葱（切末）…10cm
| 鸡架汤味精（颗粒）…
| 少量
| 酱油…1/4小匙
| 香油…1/4小匙
| 马铃薯粉…1小匙

鹌鹑蛋（煮过）…6个

鸡架汤…250mL

翡翠汤

| 毛豆（煮后将豆捞出）…
| 50g
| 大葱（切末）…1/4根
| 鸡肉丸汤汁…200mL

小葱（切碎）…少量

☆盐、胡椒粉、色拉油

制作方法

1 制作鸡肉丸子。混合所有材料，用盐、胡椒粉调味后6等分，包入鹌鹑蛋，用手搓成圆形。

2 将鸡架汤烧开后，放入步骤1半成品。高温煮会让丸子变得干硬，所以用小火煮。

3 制作翡翠汤。用锅加热色拉油，倒入小葱末。炒软之后注入步骤2的汤汁，加入毛豆后稍微加热。如果煮制时间过长，可能会变色。

4 关火，用搅拌器搅拌步骤3半成品。用盐、胡椒粉调味。

5 将翡翠汤注入器皿中，将步骤2半成品放入，用小葱装饰，穿入水果扦。

材料（18个用量）

皮
- 小麦淀粉…100g
- 马铃薯粉…10g
- 盐…2g
- 热水…130~140mL
- 色拉油…1小匙
- 水溶色粉（红）…少量
- 水…少量

馅
- 虾肉…100g
- 煮竹笋…40g
- 猪五花肉…40g
- 鸡架汤味精…1小匙
- 马铃薯粉…1小匙
- 蛋清…1/2个
- 香油…1小匙

☆盐、胡椒粉、白砂糖

Recipe 100

蒸虾饺

桃形的饺子，包上虾等馅料，口感清爽。
黑色的八边形餐巾垫配上青瓷盘，凸显高品位。

制作方法

1. 制作皮。将小麦淀粉、马铃薯粉、盐放入碗中混合，注入热水并用筷子搅拌。搅拌均匀之后加入色拉油，添加水溶色粉，染成淡粉红色。用保鲜膜包上，室温条件下醒发30分钟。

2. 制作馅。将虾肉剔除黑线。将煮竹笋、猪五花肉均切末，连同剩余的材料一起放入碗中，充分混合。接着，用盐、胡椒粉、白砂糖调味。

3. 皮分切为10g，用擀面杖擀成直径为8cm左右的圆形片。馅料18等分之后分别放在皮上，合口位置朝下修整为桃子形状。下方用刀背划出桃缝。

4. 放入已烧开的蒸锅内，大火蒸约8分钟。

牛排蔬果串

用蓝纹奶酪代替酱汁的小蔬果串。
在最下面放上西葫芦圈，牛排蔬果串就能稳定立起。

材料（8个用量）
牛肉（烤肉用）…8块
秋葵…2个
蓝纹奶酪…适量
一口奶酪…8个
圣女果…8个
☆盐、黑胡椒碎、色拉油

制作方法
1 将牛肉（或者将牛肉切成块状）用盐、黑胡椒碎调味。
2 平底锅加热色拉油，烤牛肉。稍微冷却之后，连同蓝纹奶酪、秋葵圈、撒过黑胡椒碎的一口奶酪、圣女果一起穿入水果扦中。

材料（12个用量）
荞麦粉小薄饼（约12片用量）

荞麦粉…100g
水…250mL
蛋液…1个
橄榄油…10mL
盐…1撮

金枪鱼肉（刺身用，尺寸为
2cm×30cm左右）…1块
芥末酱油…适量
秋葵圈…适量
阳荷圈…适量
葱白…适量
小葱…适量
酸橘片…适量
☆盐、胡椒粉、橄榄油、色拉油

制作方法

1 制作小薄饼坯料。将荞麦粉
筛入碗内（在中间挖一个凹
洞），加入水、蛋液、橄榄
油、盐，轻轻用力逐渐混合。
盖上保鲜膜，放入冰箱冷
藏一晚。

2 烤金枪鱼。在金枪鱼上撒
上盐、胡椒粉，将橄榄油倒
入平底锅内，烧热后双面嫩
煎鱼表面，放入盘内后在冰
箱中冷藏。

3 煎薄饼。中火加热小平底锅，
用厨房纸抹上一层薄色拉油，
用大勺舀入步骤 1 半成品，
煎至直径为5cm左右大小。
或者煎至更大，再用直径
5cm的模具切成薄饼状。

4 步骤 3 半成品冷却之后盛
盘，再放上切成块状的步
骤 2 半成品。接着，放上芥
末酱油、葱白、秋葵圈、阳
荷圈、小葱。将酸橘片切成
半圆形后摆在薄饼上。根据
需要添加橄榄油。

Recipe 102

金枪鱼配荞麦粉薄饼

小薄饼可作为手拿食品的底托。
用烤金枪鱼搭配荞麦煎饼，中西合璧。

炸虾拌牛油果酱料

撒上薄面衣的炸虾和
牛油果酱料一起盛入
杯中，香浓脆爽。

材料（8个用量）
虾…8个
小麦粉…适量
蛋液…适量
面包粉（细）…适量
牛油果酱料
 牛油果…1个
 柠檬汁…1/4个
 番茄（小）…1/2个
 煮鸡蛋…1个
 蛋黄酱…1大匙
 红辣椒酱…少量
樱桃萝卜（切薄片）…少量
细叶芹…少量
☆盐、胡椒粉、色拉油

制作方法

1 制作牛油果酱。将牛油果削皮、去核，切成丁，加入柠檬汁混合。添加切成丁的番茄、切碎的煮鸡蛋，加入蛋黄酱、盐、胡椒粉、红辣椒酱混合。

2 虾处理之后擦干，在腹部用刀划出5或6个切口，用手指按压后拉长。撒上盐、胡椒粉，依次裹上小麦粉、蛋液、面包粉，用加热至170℃的色拉油炸制。

3 步骤 1 的酱料放入玻璃杯中，装入炸虾，并用樱桃萝卜及细叶芹装饰。

鸡肉慕斯甜点

用白酱料制作的鸡肉慕斯，形似一块白巧克力甜点。
虽然看似小巧，但吃下一块就有很强烈的饱腹感。
使用深色盘子盛装，将主材衬托得更加素雅。

材料（可制作5个容量为70mL
的慕斯杯）

鸡肉慕斯

| 松伞蘑…100g
| 洋葱（切末）…30g
| 白葡萄酒…300mL
| 鸡胸肉…120g
| 清汤精…1/4小匙
| 蛋液…30g
| 鲜奶油…40mL
| 盐、胡椒粉…各适量

酱汁

| 鲜奶油…40mL
| 鸡肉清汤…80mL
| 玉米粉…1/2大匙

玉米笋（煮过切片）…适量
核桃仁…适量
食用花卉…适量
饼干棒蘸巧克力…适量
（制作方法参照第63页。高筋
面粉的用量为100g，加入10g
可可粉，红葡萄酒替换为水）
☆黄油、盐、胡椒粉

制作方法

1. 制作鸡肉慕斯。松伞蘑切成1cm见方的丁状。将黄油放入平底锅中化开，依次炒制洋葱末、松伞蘑丁。

2. 倒入白葡萄酒，使酒精挥发。

3. 将切成可一口食用大小的鸡胸肉放入食品处理器内，加入盐、胡椒粉、清汤精一起搅拌。

4. 加入蛋液搅拌，添加鲜奶油继续搅拌至柔滑。放入碗中，加入步骤2半成品混合。

5. 将步骤4半成品放入已涂抹黄油的布丁杯内，用已预热至160℃的烤箱烤制约15分钟。

6. 制作酱汁。将鲜奶油、鸡肉清汤混合，并开火加热。沸腾之后，加入已用等量水（用量外）溶化的玉米粉增加黏稠度，并用盐、胡椒粉调味。

7. 从布丁杯中取出步骤5半成品装盘，加入酱汁。最后，用玉米笋、核桃仁、饼干棒蘸巧克力、食用花卉装饰。

3种球寿司

色彩丰富的3种球寿司，用家常食材就能轻松制作。

鱼糕球寿司

材料（5个用量）
鱼糕（切薄片）…5片
红米寿司饭（参照第15页）…150g
花椒芽…5片

制作方法

1 将红米寿司饭5等分，搓成圆形。
2 鱼糕竖直切，切口部分搓圆作为装饰。放在步骤1半成品上，并用花椒芽装饰。

熏鲑鱼红梅寿司

材料（10个用量）
熏鲑鱼…10片
寿司饭（参照第15页）…200g
鸡蛋碎
| 鸡蛋…1个
| 白砂糖…1大匙
| 盐…少量

制作方法

1 寿司饭6等分之后搓成圆形。
2 鸡蛋打入碗中，放入白砂糖、盐一起搅拌、放入平底锅中开火，边用筷子搅拌边加热炒成鸡蛋碎。分成2份，用保鲜膜搓圆。
3 取5个步骤1半成品排列成圆形，放上熏鲑鱼。在中间摆入一个寿司饭团，放入步骤2半成品。

鱿鱼球寿司

材料（5个用量）
鱿鱼…适量
寿司饭（参照第15页）…150g
鲑鱼卵…适量

制作方法

1 鱿鱼切成条状。
2 寿司饭5等分，搓圆。将鱿鱼条摆成如图所示的花瓣形，放在寿司饭上。
3 在步骤2半成品的中央位置放上鲑鱼卵。

材料（12个用量）

春卷皮…6片

低筋面粉…适量

炒饭

| 鸡蛋…1个

| 黑米饭…1碗

| 火腿（切粗末）…1片

| 大葱（切粗末）…1/4根

A

| 酒…1小匙

| 盐、胡椒粉…各少量

黄瓜（切片）…适量

飞鱼卵…适量

☆色拉油

制作方法

1 在低筋面粉中注入等量水，制成糊状。将春卷皮沿对角线切成两半，卷成锥形，卷末端部位用糊固定。色拉油加热至170℃，稍微炸一下。

2 制作炒饭。用平底锅加热色拉油，放入搅好的蛋液，在半熟的状态下加入黑米饭，快速炒。添加火腿丁及葱末一起炒，并用材料A调味。

3 将炒饭加入步骤1半成品中，并用黄瓜及飞鱼卵装饰。

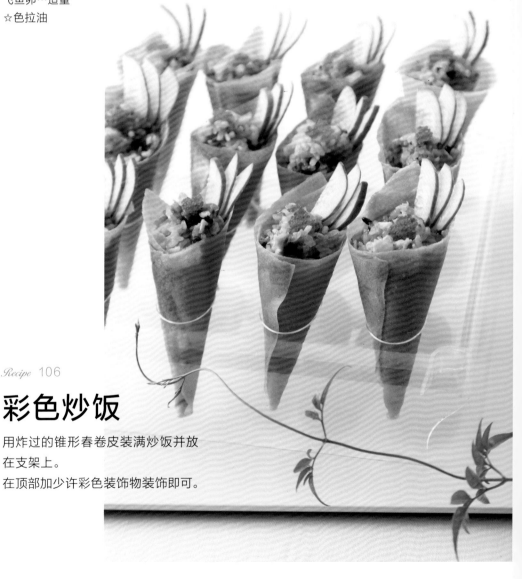

Recipe 106

彩色炒饭

用炸过的锥形春卷皮装满炒饭并放在支架上。

在顶部加少许彩色装饰物装饰即可。

玻璃杯手抓饭

华丽的玻璃杯手抓饭，犹如一杯精
美的甜点。
浓香的虾肉之间夹杂着薄煎蛋，再
加上多彩的食材作装饰。

材料（方便制作的用量）
虾肉饭

| 大米…1碗
| 洋葱…30g
| 虾肉…50g
| 鸡肉清汤…200mL

薄煎蛋…适量
顶部装饰

| 甜菜…适量
| 绿橄榄（去核）…适量
| 圣女果…适量
| 荷兰豆…适量
| 食用花卉…适量
| 细叶芹…适量

☆黄油、盐、胡椒粉

制作方法

1 大米洗过之后放在筛子上沥干水分。

2 将洋葱切末，将虾肉剔除黑线之后切成
5mm见方的块状。

3 黄油放入锅中加热至化开，将洋葱用中火炒
至变软。加入虾肉，继续炒。

4 虾肉变色后放入大米继续炒，翻炒片刻之
后注入已沸腾的鸡肉清汤。用盐、胡椒粉
调味之后盖上锅盖，小火加热约12分钟。

5 根据装盘容器大小，用模具将薄煎蛋切
成圆形。

6 将甜菜、绿橄榄、圣女果切成圈状，荷兰
豆用盐水煮过之后斜切。

7 虾肉饭中间夹入薄煎蛋，一起放入器皿
内。最后，在顶部用食用花卉和细叶芹
装饰。

材料（8个用量）
花卷面坯…参照第46页
色拉油…适量
毛豆（用盐水煮）…2大匙
玉米（罐头）…2大匙
香肠…2根

制作方法

1 参照第46页，制作花卷。用擀面杖将经过发酵的花卷面坯擀成长方形，表面涂上色拉油，均匀撒上毛豆、玉米、切粗末香肠，从边缘卷起。

2 将步骤1半成品8等分，用手修整形状。在温暖环境下放置约10分钟，使其2次发酵。放入已烧开的蒸锅内，大火蒸约15分钟。

Recipe 108

健康蔬菜蒸面包

蔬菜撒在花卷面坯上，
蒸熟即成。
放在迷你笼屉、可一
口吃下的休闲小食品。

Recipe 109

薄饼皮包海鲜慕斯

将丝带解开，就能看见包裹着海鲜的慕斯。
考虑到方便在派对中食用，将慕斯的质地做得偏浓稠。

材料（方便制作的用量）
薄饼面坯（参照第222页）…适量
奶酪炖菜
| 黄油…20g
| 低筋面粉…20g
| 牛奶…200mL
| 洋葱（切末）…50g
| 海鲜杂烩…100g
| 白葡萄酒…20mL
☆黄油、盐、胡椒粉

制作方法
1 参照第222页制作薄饼面坯，烤成直径约18cm
的圆形。
2 制作奶酪炖菜。锅内放入20g黄油，中火加热
至化开。加入过筛后的低筋面粉，翻炒均匀。
3 注入牛奶，中火加热并用发泡器打发至黏稠之
后关火，用盐、胡椒粉调味。
4 用平底锅加热黄油，将洋葱末炒至柔软。加入
海鲜杂烩一起炒，变色之后加入白葡萄酒继续
炒使酒精挥发，将汤汁收干。
5 将步骤 4 半成品加入步骤 3 半成品中，用盐、
胡椒粉调味。
6 薄饼上分别放入2大匙步骤 5 的奶酪炖菜，并
用丝带打结固定。

凸显手拿食品精美的派对技巧

为了使手拿食品在派对中大放异彩，介绍几种增加食品精美性的小技巧。

1 整齐划一的时尚感

将食物排成一列且摆成几何图案，简洁、时尚。

2 高低摆盘的设计感

带脚的托盘，视觉上的高低差也会增强食物的设计感。也可使用较为稳定的盒体、酒杯等作为底座，调节托盘的高低位置。

3 用酱汁绘制图案增添格调

用酱料在器皿中绘制图案，可增添格调。用成品的蛋黄酱、黑葡萄醋、巧克力酱就能轻松绘制。根据派对的氛围，适量添加一些图案或文字创意，让气氛更加活跃。

4 花瓣、树叶、水果等作为顶部装饰物

追求细节的手拿食品，加上顶部装饰的画龙点睛效果。用切成花瓣形状的萝卜、细叶芹、玫瑰花瓣等，使菜肴更显华丽。

Part
4

轻松制作的手拿食品

本章集中介绍一些做法简单的手拿食品，不擅烹饪也能轻松完成。掌握了这些手拿食品的制作方法，就能在家庭派对中大显身手了。

金枪鱼酱+橄榄

材料（方便制作的用量）
金枪鱼罐头（小）…1个
蛋黄酱…2大匙
鲜奶油…20mL
咸饼干…适量
黑橄榄…2~3个
煮鹌鹑蛋…1个
细叶芹…少量
☆盐、胡椒粉

制作方法
将沥干油的金枪鱼、蛋黄酱、鲜奶油放入碗中混合，用盐、胡椒粉调味。涂在咸饼干上，放上切成条的黑橄榄、煮鹌鹑蛋、细叶芹。

鱼子酱+鲑鱼卵

材料（方便制作的用量）
明太子…40g
土豆泥…100g
蛋黄酱…2大匙
鲜奶油…20mL
咸饼干…适量
鲑鱼卵…适量
莳萝…少量
☆盐、胡椒粉

制作方法
将明太子、土豆泥、蛋黄酱、鲜奶油放入碗中混合，品尝之后用盐、胡椒粉调味。涂在咸饼干上，放上鲑鱼卵、莳萝。

Recipe 110

2种开胃点心

3种汤匙点心

用透明汤匙做盛器，奶酪及水果也能呈现出别样风味。
随意组合搭配，还能品尝丰富食材。

卡蒙贝尔奶酪&无花果

材料及制作方法
将切成可一口食用大小的卡
蒙贝尔奶酪、无花果、切片小
猕猴桃放在透明的摆盘勺上，
淋上蜂蜜，配上核桃等装饰。

马斯卡彭奶酪&番茄

材料及制作方法
用小勺舀起马斯卡彭奶酪，
放入摆盘勺中。放上切好的
番茄，再用开心果、红花椒、
细叶芹装饰。

水果奶酪&葡萄

材料及制作方法
将切好的水果奶酪及切两半
的葡萄放在摆盘勺中。最后，
用切好的番茄、杏仁片、细叶
芹点缀。

脱脂奶酪酱+红花椒

材料（6个用量）
脱脂奶酪…50g
黑橄榄（切末）…2个
盐…1/2小匙

橄榄油…1/2小匙
菊苣…6片
红花椒…少量

制作方法
将材料中的脱脂奶酪、黑橄榄末、盐、橄榄油全部混合。用勺子舀起放入菊苣中，并用红花椒装饰。

南瓜酱+葡萄干

材料（6个用量）
南瓜（蒸熟后去皮）…100g
鲜奶油…300mL
牛奶…300mL
菊苣…6片

葡萄干…少量
开心果碎…少量
☆盐、胡椒粉

制作方法
将材料中的南瓜、鲜奶油、牛奶全部混合，并用盐、胡椒粉调味。放入裱花袋中后挤在菊苣上，并用葡萄干及开心果碎装饰。

Recipe 112

2种菊苣点心

呈船造型、口味清淡的菊苣最适合盛放食材。
在圆盘上摆成花朵形状，更显华丽。

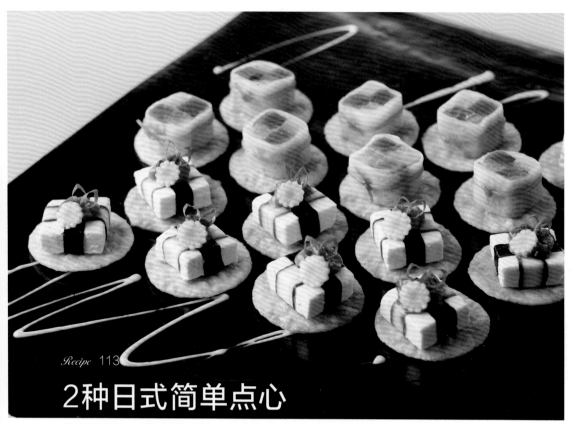

Recipe 113

2种日式简单点心

将奶油奶酪、鲑鱼等食材放在日式米饼上，口味更加丰富。
放在陶瓷板上，再用酱汁画盘即可。

奶油奶酪&咸鱼

材料（8个用量）

奶油奶酪…8块	玉米笋（切圈）…8片
咸鱼…2大匙	小葱…1根
黄瓜…1根	小圆米饼（咸味）…8片
海苔…1片	

制作方法

1. 将黄瓜切成长片。将海苔切成条状。将玉米笋用热水煮，并切圈。小葱斜切。
2. 将海苔、黄瓜呈"十"字状缠绕在奶油奶酪上，一起放在小圆米饼上。
3. 上方用咸鱼、玉米笋、小葱装饰。

鲑鱼卷吐司

材料（8个用量）

熏鲑鱼…100g
黄瓜…1根
萝卜…1/4根
鸭儿芹…8个
小圆米饼（咸味）…8片
芥末蛋黄酱
  芥末…1/2小匙
  蛋黄酱…40g

制作方法

1. 将熏鲑鱼和黄瓜切成切面为8mm见方的丁状。萝卜去皮之后放入盐水（用量外）中浸泡至柔软后切片。鸭儿芹稍微焯水。
2. 将熏鲑鱼及黄瓜如图所示交替摆放，并用萝卜片卷起。
3. 将步骤2半成品切成1cm宽的段，用鸭儿芹打结，一起放在小圆米饼上。将芥末蛋黄酱加入器皿中，随意画出图案。

材料（6人用量）
蟹腿（水煮）…6个
洋葱…1/8个
香菜茎…少量
柚子醋酱（成品）…约3大匙
鲑鱼卵…2大匙

制作方法
1 将洋葱切薄片，将香菜茎切成约1cm长的段。
2 摆盘勺中放入柚子醋酱。放上蟹腿，再放上步骤 1 半成品及鲑鱼卵。

Recipe 114

蟹腿蘸柚子醋

煮过的蟹腿搭配柚子酱装满1勺，放在玻璃盘中，犹如置身于湛蓝的大海旁。

塔塔酱鲑鱼

鲑鱼和猕猴桃的组合令人惊
喜，口感绝妙。
还有青紫苏及萝卜，一口下
去，满口清爽。

材料（6人用量）
熏鲑鱼…130g
猕猴桃…1个
A
  | 柠檬汁…1大匙
  | 盐、胡椒粉…各少量
青紫苏叶…6片
萝卜（切成4mm厚的片）
…6片
绿橄榄（切薄片）…18片
食用花卉…少量

制作方法

1 将熏鲑鱼及猕猴桃切
成约1mm见方的块状。

2 将步骤**1**半成品及材
料A放入碗中，混合。

3 将切成片的萝卜放在青
紫苏叶上方。放上模
具，塞入步骤**2**半成品，
成形之后取下模具。

4 上方用切成薄片的绿橄
榄及食用花卉装饰。

Recipe 116

虾片配叉烧

虾片炸成花瓣形状，随意摆放在器皿上。

材料（8个用量）
虾片…8片
叉烧（成品，切块）…8块
甜面酱…适量
大葱（葱白部分）…3cm
细叶芹…少量
☆色拉油

制作方法
1 色拉油加热到190~210℃，将虾片稍微炸1~2秒，沥油。
2 冷却之后放上叉烧，涂上甜面酱，并用大葱及细叶芹装饰。

Recipe 117

腌渍圣女果

水灵灵的圣女果在盐曲中腌渍之后，更甜、更多汁。

材料（8人用量）
圣女果（红、黄）…各16个
盐曲…2大匙
玉簪叶…8片

制作方法

1 在2种颜色的圣女果的外皮上划出切口，用热水稍微煮一下之后放入冰水中，将果皮撕掉。

2 将步骤 1 的圣女果放入盐曲中浸渍一晚。

3 放入器皿中，并用玉簪叶装饰。

Recipe 118

盐曲拌蔬菜

盐曲可使蔬菜更多汁。摆盘时可搭配造型独特的盘子。

材料（6个用量）
土豆（小）…6个
莲藕…6片（5mm厚，切成半圆形）
迷迭香…3根
盐曲…1大匙
☆橄榄油

制作方法

1 土豆用钢丝球等仔细洗干净。将莲藕片放入醋水（用量外）中浸泡。将迷迭香切成3~4cm长的段。

2 锅中放入水（用量外）煮至沸腾，放入步骤 1 的土豆及莲藕片一起煮。

3 平底锅中放入橄榄油及迷迭香，再放入步骤 2 半成品炒至上色。

4 混合步骤 3 半成品及盐曲，装入勺子内。

奶酪山芋鱼饼千层派

只需用相同模具切出奶酪及山芋鱼饼。
为了使成品颜色更诱人，特意使用浓醇的切达奶酪。

材料（8个用量）
山芋鱼饼…2片
切达奶酪（切片）…8片
圣女果…8个
细叶芹

制作方法

1 山芋鱼饼及切达奶酪用花形模具切出造型。山芋鱼饼与切达奶酪厚度比为1:3。

2 山芋鱼饼及切达奶酪交替重叠，最上方用圣女果及细叶芹装饰。

黑白小口芝麻豆腐

将成品豆腐装入勺子内，稍加点缀即成。

材料（8个用量）
白芝麻豆腐…1包
黑芝麻豆腐…1包
樱桃萝卜…2个
鲑鱼卵…适量
地肤子…适量

制作方法

1 将2种芝麻豆腐切成一口食用大小，并装盘。

2 樱桃萝卜切片。

3 樱桃萝卜切片呈花形摆放于芝麻豆腐上，中央位置放上鲑鱼卵、地肤子。

醋拌红白萝卜
配花瓣

将红色和白色食材放入精
致的小酒杯中，顶部用切
成花瓣形状的樱桃萝卜稍
加点缀。

材料（8人用量）
萝卜…1/5根
胡萝卜…1/2根
盐…2小匙
柚子汁…1个
白砂糖…3大匙
醋…5~6大匙
樱桃萝卜…1/10个
鲑鱼卵…适量

制作方法

1 将萝卜及胡萝卜切丝之后
用盐揉搓，并放置10分钟。

2 将柚子汁、白砂糖及醋混
合，再加入控干水分的步
骤 **1** 半成品一起搅拌。

3 将步骤 **2** 半成品装盘。将
樱桃萝卜切薄片之后用花
形模具切出造型作为装饰，
再加上鲑鱼卵。

生火腿卷谷中生姜

谷中生姜配上生火腿及黄瓜，在造型简单的长盘内整齐摆放，
方便拿取，也能让派对更精彩。

材料（8个用量）
谷中生姜…8个
生火腿…8片
黄瓜…1根
酱料…适量

制作方法

1. 将谷中生姜洗净、
   削皮。将黄瓜切成
   长片。
2. 用生火腿及黄瓜片
   卷起谷中生姜。
3. 装盘，放上酱料即可。

蔬菜棒配热蘸酱

在烈酒杯底部注入蘸酱，作为蔬菜棒的蘸酱。
蔬菜棒比杯子略高，方便拿取，也不用担心蘸酱乱滴。

材料（6个用量）
胡萝卜段…5cm左右
黄瓜段…5cm左右
西芹段…5cm左右
蘸酱
　大蒜…4瓣
　牛奶…适量
　凤尾鱼（油浸）…20g
　橄榄油…100mL

制作方法
1 将蔬菜切成切面为8mm左右见方的段。大蒜去皮，竖直对半切开。将凤尾鱼切碎。
2 将大蒜及牛奶慢慢注入小锅内用小火煮，煮至变软。取出大蒜，用压蒜器压成泥。
3 将大蒜及凤尾鱼放入另外的锅内用小火加热，慢慢加入橄榄油，同时用发泡器混合使其乳化，制作蘸酱。
4 将蘸酱放凉之后放入杯中，再放上步骤1的蔬菜段。

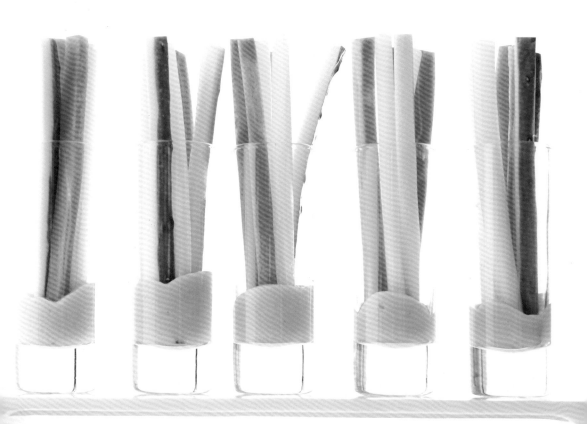

Recipe 124

花造型萝卜沙拉

切片的蔬菜组合成花朵形状，加上清凉的柠檬。
晶莹剔透，入口清香。

材料（6个用量）
白萝卜段···约4cm
黄瓜···1/2根
紫洋葱（小）···1个
胡萝卜（切薄片）···6片
柠檬（切薄片）···6片

制作方法

1 将白萝卜切成约3mm厚的薄片。取其中6片切成与柠檬大小相同的片（使用模具切整齐），其余的白萝卜片用直径1.5cm的模具切出18片。

2 将黄瓜、紫洋葱切成薄片。

3 将胡萝卜切成薄片，并用直径为1.5cm的模具切整齐（6片）。

4 将白萝卜片（大）与柠檬片重叠摆放，摆上5片黄瓜。上方依次叠放洋葱片、2片萝卜（小）、1片胡萝卜、1片萝卜（小）（从上方看是花形组合）。

金枪鱼卷

用表面稍微烤制的金枪鱼搭配色彩鲜艳
的蔬菜，再用水果扦穿起来。

材料（10个用量）
金枪鱼（刺身用）…300g
金枪鱼底料
| 酱油…2大匙
| 酒…2大匙
| 味噌…1.5大匙
芹菜…适量
胡萝卜…适量
芽菜…适量

制作方法
1 将金枪鱼放入金枪鱼底料中浸渍1小时，
  再用平底锅稍微煎一下。
2 将芹菜、胡萝卜切成约5cm长的丝。
3 金枪鱼切薄片，卷入芹菜丝、胡萝卜丝、
  芽菜，并用水果扦固定。

生火腿卷烤玉米笋

生火腿的甜香和烤玉米笋的甜香得到了完美的融合。
用水菜打结，再用水果扦穿入。

材料（9个用量）
玉米笋…9个
生火腿…9片
水菜…适量

制作方法
1 将玉米笋烤熟表面。
2 用生火腿卷步骤1半成
  品，用水煮过的水菜打结
  之后装盘，并用水果扦
  穿入。

西芹船

这是一道使用西芹的创意清爽菜品，食材简单，膳食
纤维含量丰富。混合的酱汁美味、浓郁。

材料（6个用量）
西芹段…6根（约12cm长）
虾（煮过）…6个
煮章鱼（切薄片）…6片
飞鱼卵…少量
绿橄榄…适量
莳萝…适量
A
| 蛋黄酱…4大匙
| 番茄酱…6大匙
| 柠檬汁…1大匙
| 洋葱…1/2个

制作方法
1 洋葱切粗末，同材料
 A的其他材料混合。
2 将步骤 1 半成品摆在
 西芹段上。
3 放上虾、章鱼片、飞
 鱼卵、切薄片的绿橄
 榄，并用莳萝装饰。

凯撒沙拉

烈酒杯中分层放入章鱼、黄瓜，
再加入捣碎的咸饼干、梅莫雷奶酪、葡萄柚。

材料（6人用量）
煮章鱼足…1只
黄瓜…1根
葡萄柚…1/2个
咸饼干（薄）…6片
梅莫雷奶酪…适量

制作方法

1. 将煮章鱼、黄瓜切块。将葡萄柚果肉取出后切块。
2. 将葡萄柚块、黄瓜块、煮章鱼块依次放入酒杯中。
3. 根据杯口大小切碎咸饼干，并放在步骤 2 半成品上，最后放上切碎的梅莫雷奶酪。

材料（6个用量）

帆立贝柱…6个

金猕猴桃…1个

柠檬汁…1小匙

彩椒（黄色）…1/8个

黑橄榄（去核）…1个

黄瓜…1/4根

☆盐、胡椒粉、橄榄油

制作方法

1 金猕猴桃放入搅拌器中打成糊状，并混入柠檬汁。

2 彩椒切成1.5cm见方的块状，将黑橄榄切半。将黄瓜切成2~3mm厚的片。

3 将帆立贝柱用盐、胡椒粉腌渍片刻。平底锅加热橄榄油，双面煎帆立贝柱。

4 依次叠放黄瓜片、帆立贝柱、彩椒、黑橄榄，并穿入水果扦。

5 将步骤1的猕猴桃糊注入盘中，放上步骤4半成品。

Recipe 129

烤贝柱蘸猕猴桃酱

将帆立贝柱煎出香味即可，还带有一丝丝甜味。穿上彩色的蔬菜外衣，配上清爽的猕猴桃酱。装入呈曲线造型的盘子中，赏心悦目。

Recipe 130

鲣鱼蘸葱汁

用酱油冻搭配香味蔬菜，一起放入玻璃杯中。
将鲣鱼块穿入水果扦中，蘸着葱汁一起吃。

材料（6个用量）

鲣鱼块…1/2块
绿橄榄（去核）…6个
西芹叶…适量
A
　大蒜…1瓣
　青葱…2根
　生姜…1片
小葱…适量
酱油冻（成品）…适量

制作方法

1 将材料A全部切成末，同切碎的小葱、酱油冻
混合。

2 将鲣鱼块切成薄片，将绿橄榄及西芹叶一起穿
入水果扦中。

3 将步骤1半成品放入玻璃杯中，步骤2半成品
架在玻璃杯边缘。

贝柱小萝卜千层派

在浓香的双面嫩煎帆立贝中夹入樱桃萝卜，蘸着黑葡萄醋酱一起吃。

材料（8个用量）
帆立贝（大）…12个
樱桃萝卜…4个
黑葡萄醋酱（参照第222页）…适量
☆盐、胡椒粉、黄油

制作方法

1 将樱桃萝卜切成薄片。帆立贝横向对半切开之后，撒上盐及胡椒粉。用平底锅使黄油化开，双面嫩煎帆立贝。

2 在帆立贝上放几片樱桃萝卜。依次重叠帆立贝、樱桃萝卜、帆立贝，并用水果扦穿入。

3 装盘，配上黑葡萄醋酱一同食用。

草莓淋巧克力

材料及制作方法（8个用量）

将50g巧克力放入锅中，用隔水加热法化开。将洗过的草莓放入巧克力液中，待其冷却凝固。最后，穿上扦子。

蛋糕卷配草莓奶油

材料及制作方法（8个用量）

蛋糕卷切成一口可吃下的大小。将50mL鲜奶油（乳脂含量为45%）充分打发，搭配适量的草莓果酱放在蛋糕卷上，穿上扦子。最后，用切半的树莓装饰。

Recipe 132

3种甜点

切成一口大小的蛋糕及水果，用木扦穿成串即可变身成手拿食品。
最后，在顶部稍微点缀即可。

布朗尼

材料（可做11个尺寸为
5.5cm×10.5cm方形布朗尼）
甜巧克力…30g
无盐黄油…30g
白砂糖…35g
蛋液…1/2个
低筋面粉…25g
鲜奶油（乳脂含量为47%）…适量

制作方法

1 将无盐黄油放入碗中，用隔水加热法化开，加入白砂糖混合。依次加入蛋液、巧克力液、筛过的低筋面粉，充分混合。

2 注入已铺上烤箱纸的模具中（蛋糕液高度为2cm），放入预热至170℃的烤箱烤20~30分钟。

3 冷却之后切掉边角，分切成边长为2cm方形蛋糕。穿上木扦，挤上8分打发的鲜奶油。

简单酸奶甜点

浓醇的酸奶中放上蜜饯及水果，用漆器装盘，更显华丽。

材料（8个用量）
原味酸奶…1袋
喜欢的水果及蜜饯…适量
薄荷叶…适量

制作方法

1 在筛网中铺上厨房纸，下面放一个碗，再将原味酸奶倒入筛网上，放入冰箱控干水。

2 将变成奶油状的原味酸奶倒入器皿中，放上水果及蜜饯，并用薄荷叶装饰。

水果冻

不同水果所含的维生素及糖分不同，搭配食用更健康。
做成水果冻可一次品尝到4种水果。

材料（6人用量）
葡萄柚…1个
猕猴桃（熟透）…
1~2个
柠檬汁…少量
芒果酱…100mL
覆盆子酱…
100mL
薄荷叶…适量

制作方法

1 将葡萄柚切成两半，一半榨果汁，另一半取出果肉。

2 猕猴桃剥皮后切小块，添加柠檬汁后放入搅拌器搅拌成酱。

3 将步骤1半成品、步骤2半成品、芒果酱、覆盆子酱分别注入方形制冰盒中，放入冰箱冷却凝固。接着，将盘子放入冰箱冷却。

4 步骤3半成品冷却凝固之后，装入从冰箱中取出的盘子中，并用薄荷叶装饰。

Part
5

派对推荐的手拿甜点

派对中，在最后品尝的当然是甜点，
弄点小惊喜，让朋友们更加欢乐。

橙汁果冻

可同时品尝到橙汁果冻和白巧克力
的双层甜品。
装入透明小杯中，清爽甜蜜。

材料（6个用量）
橙汁（100%果汁）…100mL
食用明胶片…2.5g
白巧克力酱
| 白巧克力…25g
| 鲜奶油（乳脂含量为47%）…
| 100mL
猕猴桃…适量
苹果…适量

制作方法

1 将食用明胶片用冰水泡发。

2 将橙汁放入锅中开火加热，沸腾
之后关火，加入控干水分的食用
明胶片使其化开。隔着冰水搅拌，
大致散热之后注入杯子中，放
入冰箱冷藏凝固。

3 将白巧克力切碎后放入碗中。将
鲜奶油煮沸后注入碗中，轻轻混
合均匀，放入冰箱冷藏，制作白
巧克力酱。

4 将步骤 3 半成品放在步骤 2 半
成品上。最后，用切好的猕猴桃、
苹果装饰。

材料（6个用量）
牛奶…100mL
蜂蜜…1大匙
食用明胶片…2.5g
草莓奶油
|鲜奶油（乳脂含量为47%）…
|100mL
|草莓酱…50g
柿子…适量
覆盆子…适量
巧克力棒（成品）…6根
薄荷叶…少量

制作方法
1　将食用明胶片用冰水泡发。
2　将牛奶和蜂蜜混入锅中开火
　　加热，沸腾之前关火，加入控
　　干水分的食用明胶片使其化
　　开。隔着冰水搅拌，大致散热
　　之后注入杯子中，放入冰箱冷
　　藏凝固。
3　将鲜奶油轻轻打发。混入过筛
　　后的草莓酱，制作草莓奶油。
4　将步骤3半成品放于步骤2
　　半成品上，放上舀成圆形的柿
　　子、切半的覆盆子、巧克力棒，
　　并用薄荷叶装饰。

Recipe 136

牛奶果冻

牛奶果冻和草莓奶油的组合。
用水果配巧克力，口味更丰富。

方形蛋糕

将大蛋糕切成小块，制作成随手拿取的小点心。
使用成品戚风蛋糕更容易加工，搭配2种色彩鲜艳的奶油。

材料（8~10个用量）

戚风蛋糕（成品尺寸为24cm×34cm）…2片

糖浆
| 水…60mL
| 白砂糖…30g

黑醋栗奶油
| 鲜奶油（乳脂含量为47%）…200mL
| 白砂糖…20g
| 黑醋栗酱（成品）…40mL
| 黑醋栗酒…少量

抹茶奶油
| 鲜奶油（乳脂含量为47%）…200mL
| 白砂糖…20g
| 抹茶粉…5g

树莓…适量
蓝莓…适量
细叶芹…少量
开心果…少量

制作方法

1. 将1片戚风蛋糕切成3等份。将水和白砂糖混合均匀，煮沸之后待其冷却。

2. 制作黑醋栗奶油。将鲜奶油及白砂糖混入碗内，用隔水打发法放在冰水上6分打发，并混入黑醋栗酱及黑醋栗酒。使用之前放入冰箱冷藏。

3. 制作抹茶奶油。将鲜奶油及白砂糖混入碗内，隔着碗放在冰水上6分打发，并混入已用少量水溶化的抹茶粉。使用之前放入冰箱冷藏。

4. 用毛刷将步骤1的糖浆刷在最下层的戚风蛋糕上。用刮刀将黑醋栗奶油涂抹成均匀厚度，依次重叠奶油、戚风蛋糕（共3层）。最上方的戚风蛋糕也涂抹糖浆，并将剩余的奶油覆盖整体。抹茶奶油蛋糕也用同样方式制作。接着，放入冰箱冷藏。

5. 切掉戚风蛋糕边角，切成边长为3cm的方块。将黑醋栗奶油蛋糕用树莓、蓝莓、细叶芹装饰。抹茶奶油蛋糕用切碎的开心果装饰。

浓醇布丁

微苦、浓醇的奶油巧克力点心，放入带盖容器内蒸制而成。
打开盖子，浓香扑鼻而来。

材料（4个用量）
调温巧克力（可可含量为66%）…50g
鲜奶油（乳脂含量47%）…100mL
蛋黄…2个
白砂糖…5g
金箔…少量

制作方法

1　将蛋黄及白砂糖混入碗中，用发泡器充分搅拌
　　混合。
2　将切碎的调温巧克力放入其他碗中，并加入刚煮
　　沸的热鲜奶油，轻轻搅拌混合。
3　将步骤2半成品加入步骤1中，混合之后过滤。
4　将步骤3半成品注入器皿中，放入预热至150~
　　160℃的烤箱烤15分钟。
5　用金箔装饰，盖上装盘。

材料（6个用量）

毛豆布丁
| 毛豆（原味）…100g
| 水…150mL
| 盐…少量
| 蜂蜜…1大匙
| 食用明胶片…4g

豆腐布丁
| 豆腐…100g
| 牛奶…100mL
| 蜂蜜…2大匙
| 食用明胶片…4g

装饰物
| 调温巧克力（用模具刻成花瓣
| 形状）…适量
| 草莓巧克力…适量
| 装饰果冻…适量

制作方法

1. 将食用明胶片放入水中（用量外）泡发之后控干水分，用隔水加热法化开。

2. 制作毛豆布丁。毛豆用含1%盐的热水煮3~4分钟。留下6粒作为顶部装饰物，剩下的毛豆放入搅拌器内，加入适量水搅拌并过滤，加入蜂蜜、步骤1半成品充分混合。装入器皿中，放入冰箱冷藏凝固。

3. 制作豆腐布丁。用搅拌器将豆腐及牛奶搅拌柔滑，加入步骤1半成品充分混合，注入步骤2半成品上方之后待其冷却凝固。

4. 放上装饰物。

Recipe 139

菜豆布丁

用浅绿色的毛豆布丁和豆腐布丁重叠而成的简单甜点。
放入小玻璃杯内冷却凝固，在顶部撒上一些彩色装饰物。

粉色奶酪

在鲜艳的粉色奶油放上糖丝，
再撒上食用花卉的花瓣。

材料（6个用量）
覆盆子酱…60g
奶油奶酪…200g
食用明胶片…5g
水…50mL
鲜奶油…40mL
糖丝（使用白砂糖、
糖稀、水制作）…
适量
覆盆子…6个
草莓…3个

制作方法

 将覆盆子酱和奶油奶酪恢复至常温。

 食用明胶片放入水中泡发，再用电磁炉以500W加热30秒使其充分化开。

 覆盆子酱、奶油奶酪放入搅拌器，充分搅拌。加入鲜奶油及步骤 2 半成品混合，注入模具中放入冰箱冷藏凝固。

 制作糖丝。水、白砂糖、糖稀的质量比为5：5：3，放入锅中开火加热，熬至出现较大气泡时关火。用叉子舀起锅中的糖浆，如自然流挂呈丝状，可将蜡纸或烤箱纸等放置于平台上，用叉子舀起糖同时快速在纸上挥动成网状图形。冷却之前，不得取下糖丝。

 从模具中取出步骤 3 半成品，装盘。并用覆盆子、草莓、糖丝（剪成合适大小）装饰。

苹果泥

将苹果煮至产生自然甜味，无须添加白砂糖。
配上白豆馅，增添日式情调。

材料（6人用量）
苹果…1个
柠檬汁…50mL
樱桃醋…少量
白豆馅…约30g
石榴糖浆…3大匙

制作方法
1. 苹果削皮，切成2cm见方的块状。将苹果、柠檬汁、樱桃醋放入锅中煮。煮至柔软之后，关火冷却。
2. 白豆馅6等分之后搓圆，放入冰箱冷藏。
3. 玻璃杯中分别注入1/2大匙石榴糖浆，并将步骤 1 半成品装盘。将水果扦插入步骤 2 半成品中，挂在杯口。

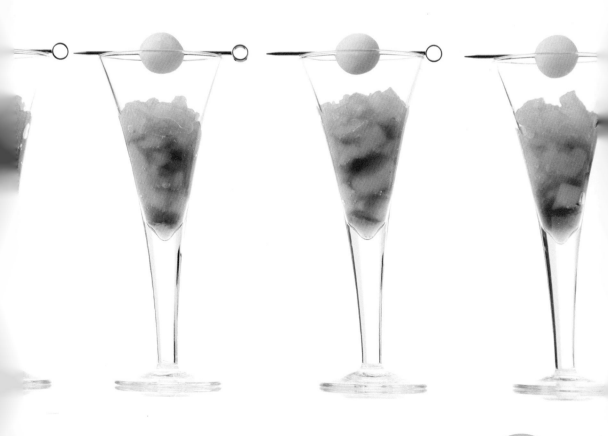

3种米粉华夫饼水果串

用米粉制作的华夫饼，搭配蔬菜及水果等。
小小一串，最适合在派对中食用。

米粉华夫饼

材料（6片用量）
A
| 米粉…50g
| 烘焙粉…1/2小匙
| 三温塘…25g
鸡蛋…1个
豆乳…35mL
菜籽油…适量
装饰水果（根据喜好）…适量

制作方法

1 将材料A混入碗中。打入鸡蛋，倒入豆乳，搅拌均匀。

2 中火加热华夫饼模具，滴入少量菜籽油，注入步骤 1 半成品。表面出现气泡时盖上模具盖，并将华夫饼模具翻面，将两面都烤成褐色。

3 夹入切成小块的水果馅，并用喜欢的水果装饰。

水果馅

番茄

材料（方便制作的用量）
迷你黄番茄…2个
圣女果…5~6个
番茄…1个

制作方法

1 将迷你黄番茄和圣女果用热水烫后去皮。

2 番茄用热水烫后去皮，切块后倒入锅中煮至收汁。

猕猴桃&柠檬

材料（方便制作的用量）
猕猴桃…2个
柠檬汁…2大匙

制作方法

1 将猕猴桃削皮，切成块。

2 猕猴桃放入锅中，再放入一半柠檬汁，开中火煮至收汁。最后，加入剩余的柠檬汁。

夏橙&柠檬

材料（方便制作的用量）
夏橙（应季柑橘类均可）…2个
柠檬汁…少量

制作方法

1 将1个夏橙打成果汁，并取出剩余果肉。除去橙皮络，用热水将外侧充分烫软，擦干水分之后切碎。

2 果汁、果肉、碎果皮、柠檬汁放入锅中，中火煮至收汁至产生黏性。

咖啡冷甜点

不加甜味的2种冷甜点，装入烈酒杯中，形成双层。

材料（方便制作的用量）

咖啡冻

| 食用明胶片…5g
| 水…50mL
| 咖啡…200mL

天然水冻

| 食用明胶片…5g
| 水…50mL
| 天然水…200mL

豆腐…1块（150g）

蜂蜜…1大匙

金箔…少量

黑蜜（根据喜好）…适量

制作方法

1　食用明胶片分别用足量水泡发，用微波炉以500W加热30秒使其化开。

2　将食用明胶液分别混入咖啡、水中，倒入模具之后放入冰箱冷藏凝固，取出后切成小块。

3　豆腐充分控干水，混入蜂蜜。用滤网过滤之后，放入冰箱充分冷却。

4　取出少量步骤 2 半成品，混合均匀，并用叉子等捣碎。

5　依次将步骤 2 的咖啡冻、天然水冻、步骤 4 混合捣碎的冻装入杯中。用裱花袋将步骤 3 的混合物挤入上方，并用金箔装饰，最后，根据喜好添加黑蜜。

2种奶油甜点

清爽的咸味奶酪甜点和微甜的蓝莓甜点，
装满勺子，一口就能吞下。

柠檬&盐奶油甜点	蓝莓奶油甜点	制作方法

柠檬&盐奶油甜点

材料（方便制作的用量）
奶油奶酪…100g
A
　柠檬皮…1个
　柠檬汁…1大匙
　鲜奶油…50mL
　西西里盐…少量
薄荷叶…适量

蓝莓奶油甜点

材料（方便制作的用量）
奶油奶酪…100g
B
　蓝莓…约20个
　柠檬汁…少量
　蜂蜜…少量
草莓（切块）…1个

制作方法

1 奶油奶酪均恢复至常温。
2 将步骤1半成品及材料A分别混入碗中。修整成肉丸形状，放入冰箱充分冷却。
3 用搅拌器将材料B搅拌成糊状，同步骤1的奶油奶酪混合之后放入冰箱充分冷却。
4 分别装入勺子中，并用薄荷叶、草莓装饰。

可露丽布丁

用可露丽模具制作的纯白布丁，口感恰到好处。制作时控制奶盐酱用量。

材料（可制作6个，模具容量
为70mL）

布丁

牛奶…225mL

椰油…75g

白砂糖…45g

食用明胶片…3g

鲜奶油…120g

奶盐酱

白砂糖…25g

水…10mL

鲜奶油…50mL

粗盐…适量

制作方法

1. 制作布丁。牛奶倒入锅中开火加热，即将沸腾前加入椰油并关火，盖上锅盖继续加热。

2. 用滤网过滤步骤 1 半成品，连同白砂糖一起再次放入锅中，并开火加热。白砂糖溶化并沸腾之后关火，加入已用水泡发的食用明胶片使其化开。

3. 加入鲜奶油，用隔水冷却法放在冰水中冷却，充分搅拌使其稍有黏性。

4. 制作奶盐酱。将白砂糖及水混入锅中，开火加热。白砂糖变成焦黄色之后，关火。

5. 注入鲜奶油，再次开火煮收汁。关火待其冷却，加入粗盐。

6. 从模具中取出步骤 3 半成品，装盘。用勺子从上方呈网格状浇上奶盐酱。

2种小勺甜点

可一口食用的慕斯，无须模具就能轻松制作。
在粉色托盘上摆放可爱的小勺子，还有2种口味可选。

材料

芒果慕斯（约10个用量）
　芒果…75g
　食用明胶片…1g
　鲜奶油…50g
　白砂糖…10g
蓝莓慕斯（约10个用量）
　蓝莓…50g
　食用明胶片…1~2g
　鲜奶油…50g
　白砂糖…15g
鲜奶油…适量
芒果（切碎）…适量
蓝莓…适量
巧克力装饰物※…适量
薄荷叶…适量
※巧克力装饰物：用勺子将
　化开的巧克力液装饰物浇
　在烤箱纸上，用手抹成自
　然的水珠状。

制作方法

1 两种甜点制作方法相同。芒果（或蓝莓）用食品处理器粉碎加工成糊状，并放入碗中。

2 将已用水泡发并控干水分的食用明胶片及1/3芒果酱（或蓝莓酱）隔着碗用热水化开，加入剩余的芒果酱混合。碗底隔着冷水，搅拌冷却使其产生黏性。

3 混合鲜奶油和白砂糖，8分打发。

4 将步骤3半成品混入步骤2半成品中。每次取1大匙放在摊开的保鲜膜上，包起之后用橡皮筋固定，连同保鲜膜一起放入冰水中冷却凝固。

5 将步骤4半成品装入摆盘勺内。挤入已打发的鲜奶油，用水果装饰。最后，蓝莓慕斯用薄荷叶装饰，芒果慕斯用巧克力装饰。

材料（约20个用量）
戚风蛋糕（成品，片状）…适量
咖啡蘸汁

   速溶咖啡…1.5大匙
   咖啡利口酒…3大匙
   热水…120mL
蛋黄液…2个
白砂糖…60g
白葡萄酒…2大匙
鲜奶油…80mL
蛋白…1个
马斯卡彭奶酪…200g
可可粉…适量

制作方法

1. 对照玻璃杯内口大小，用模具将戚风蛋糕切成圆形（每个杯子内放入3片）。
2. 混合咖啡蘸汁的材料。杯底放入1片戚风蛋糕，用毛刷涂上蘸汁。
3. 将蛋黄液、30g白砂糖、白葡萄酒混入碗中，用隔水加热法加热，同时用发泡器充分打发。加热之后撤去热水，待其冷却。
4. 鲜奶油8分打发，使用之前放入冰箱冷藏。
5. 打发蛋白，加入30g白砂糖，用发泡器制作奶油。
6. 将马斯卡彭奶酪放入步骤3的碗中，依次加入步骤 4 及步骤 5 半成品，用搅拌勺搅拌均匀。
7. 剩余的戚风蛋糕也涂抹蘸汁。将步骤 6 半成品及戚风蛋糕交替放入杯中，制作3层。抹平表面，撒上可可粉。

Recipe 147

提拉米苏

提拉米苏装入烈酒杯中，摆放于铺满冰块的托盘内。
放入冰箱冷藏，这样能保证始终能够品尝到纯正口味。

抹茶奶油蒙布朗

将奥利奥饼干为底座，将抹茶奶油挤成蒙布朗形状。
两种颜色搭配，更能增添食欲。

材料（8个用量）
奥利奥饼干（成品）…8个
红豆奶油
 | 红豆馅…50g
 | 鲜奶油…30g
抹茶慕斯
 | 卡仕达酱
 | 牛奶…200mL
 | 香草荚…1/4根
 | 蛋黄…2个
 | 白砂糖…50g
 | 低筋面粉…20g
 | ※成品用量的一半。
 | 无盐黄油…75g
 | 抹茶…5g
芝麻薄脆
 | 低筋面粉…6g
 | 可可粉…2g
 | 白砂糖…50g
 | 水…20mL
 | 奶酪…33g
 | 芝麻（白、黑）…各适量
※方便制作的用量。

制作方法

1 将红豆馅和鲜奶油混合打发，制作红豆奶油。

2 制作抹茶慕斯。参照第222页，制作卡仕达酱。将在室温条件下呈发蜡状的无盐黄油中加入少量用热水（用量外）溶化的抹茶，并同卡仕达酱混合。

3 混合芝麻薄脆的低筋面粉和可可粉，加入除芝麻以外的剩余材料，在台面上摊薄成圆盘状。撒上芝麻，用已预热至180℃的烤箱烤约8分钟。

4 将步骤 1 半成品呈圆拱形挤在奥利奥饼干上，用蒙布朗裱花嘴挤出步骤 2 半成品。插上步骤 3 半成品，撒上糖粉（用量外）。

迷你奶油圆蛋糕

在法式蛋糕上堆满各种莓果及糖霜，分量十足。

材料
（可做8个直径为5cm的
咕咕洛夫蛋糕）
甜巧克力…120g
无盐黄油…90g
白砂糖…90g
鸡蛋…2个
低筋面粉…70g
烘焙粉…1小匙
可可粉…10g
朗姆酒…1大匙
牛奶…2大匙
糖霜
┃ 糖粉…100g
┃ 水…少量
覆盆子…适量
黑莓…适量
红醋栗…适量

制作方法

1 将甜巧克力及无盐黄油放入碗中，用隔水
加热法化开。溶化之后，加入白砂糖及蛋液
的混合物，用发泡器搅拌混合。

2 将低筋面粉、烘焙粉、可可粉混合之后加入，
均匀搅拌至无粉状态，再加入朗姆酒及牛奶。

3 将步骤2半成品注入模具中，用已预热
至180℃的烤箱烤约20分钟。

4 制作糖霜。糖粉中混入水，溶化成糊状。
将蛋糕冷却之后淋入杯中，并用覆盆子、
黑莓、红醋栗装饰。

混合树莓果冻

将装有果冻的酒杯倒立放置，独特造型、心思巧妙。

材料（8个用量）
食用明胶片…5g
黑醋栗利口酒…20mL
白葡萄酒…50mL
水…100mL
白砂糖…20g
草莓、覆盆子、红醋栗、
蓝莓等…各适量
黑莓…适量
石榴子…适量
麝香葡萄…适量
食用花卉…适量
薄荷叶…适量

制作方法

1. 将食用明胶片放入水中浸泡，锅中混入黑醋栗利口酒、白葡萄酒、水、白砂糖，煮沸之后关火并加入泡发的食用明胶片，待其冷却。

2. 将喜欢的莓果类放入玻璃杯中，将步骤 1 半成品注入至杯口边缘，放入冰箱冷藏凝固。

3. 将步骤 2 半成品倒放置于托盘上，并用水果、食用花卉、薄荷叶点缀。

材料（方便制作的用量）

狝猴桃蜜饯
　狝猴桃…2个
　煮汁
　　白葡萄酒…100mL
　　水…200mL
　　白砂糖…100g
　　柠檬汁…1大匙
　　柠檬草（干燥）…1大匙

橙蜜饯
　橙子…2个
　煮汁
　　白葡萄酒…100mL
　　水…200mL

白砂糖…100g
柠檬汁…1大匙
柠檬草（干燥）…1大匙

梨蜜饯
　梨（罐头，2个半片）…4个
　煮汁
　　白葡萄酒…100mL
　　水…200mL
　　白砂糖…100g
　　柠檬汁…1大匙
　　柠檬草（干燥）…1大匙

细叶芹…适量
薄荷…适量

制作方法

1. 三种甜品的制作方法相同。狝猴桃削皮，切厚片。橙剥皮，切成半月形的片。

2. 煮汁材料混入锅中，开火煮。煮沸之后加入狝猴桃（或橙子、梨），小火煮2~3分钟（梨需要煮约10分钟）后关火。

3. 浸泡在煮汁中冷却，盖上锅盖放入冰箱一晚使其入味。

4. 装盘（梨需要切），并用细叶芹及薄荷装饰。

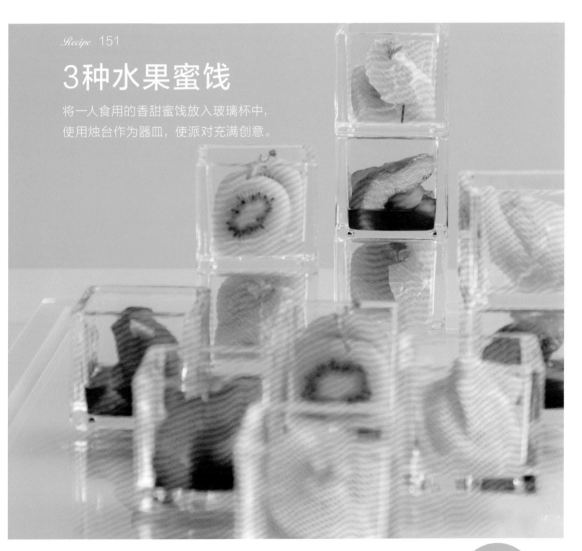

Recipe 151

3种水果蜜饯

将一人食用的香甜蜜饯放入玻璃杯中，
使用烛台作为器皿，使派对充满创意。

螺旋派

食用成品面坯制作的创意点心。
扭转搓长之后烘烤，吃过还有水果味留在指尖。

材料（约24根用量）
冷冻派面坯（24cm×34cm）…1片
白砂糖…适量
草莓粉…适量

制作方法

1 将白砂糖撒在冷冻面坯上，切成8mm宽之后扭转。在铺有烤箱纸的台面上摆放好，用手指将面坯两侧向台面按压，使其朝着同一方向扭转。接着，用预热至200℃的烤箱烘烤约15分钟。

2 混合草莓粉及白砂糖，放入器皿中。

3 步骤1半成品冷却之后，根据喜好添加步骤2的混合物。

材料（方便制作的用量）
意大利蛋白酥
　蛋白…100g
　白砂糖…200g
　水…50mL
黑醋栗酱…50mL
可可粉（可溶）…2大匙

制作方法
1 参照第222页，制作意大利蛋白酥。
2 将步骤1半成品平分成2半。
3 将黑醋栗煮至汤汁减少1/2，加入步骤2半成品（一半量），制作黑醋栗口味的蛋白酥。
4 剩余的步骤2半成品中加入已经用水（用量外）溶化的可可粉，混合至糊状，制作可可口味的蛋白酥。
5 将步骤3半成品使用圆形裱花嘴挤在烤箱纸上，并修整形状。将步骤4的混合物使用勺子舀起放在烤箱纸上，并用勺背勾出尖角。
6 放入已预热至100℃的烤箱内，烘烤约3小时使其充分干燥。

Recipe 153

2种蛋白酥

由蛋白打发之后烘烤制成，酸甜的黑醋栗和微苦的可可能满足很多人的口味。

桃子布丁

与芒果布丁的制作方法相同。
注入烈酒杯中冷却凝固，桃红葡萄酒果冻分成两层，华丽不凡。
诱人的桃子蜜饯中散发着酒香。

材料（9个用量）

桃味粉红葡萄酒蜜饯
| 白桃（罐头）…4个
| 桃红葡萄酒…400mL
| 水…100mL
| 柠檬（切片）…1片
| 白砂糖…70g
※蜜饯为方便制作的用量。

桃布丁
| 食用明胶片…5g
| 热水…100mL
| 白桃（罐头）…150g
| 白砂糖…25g
| 柠檬汁…少量
| 鲜奶油…50mL

粉红葡萄酒果冻
| 桃味粉红葡萄酒蜜饯的煮汁…
| 200mL
| 食用明胶片…4g
细叶芹…适量

制作方法

1 制作桃味粉红葡萄酒蜜饯。将除白桃以外的材料混入锅中煮至收汁，以小火煮约30分钟。将白桃浸泡于煮汁中，放入冰箱冷藏一晚。

2 制作桃布丁。将已用水泡发的食用明胶片放入热水中化开。

3 将步骤2半成品及剩余材料放入搅拌器中，搅拌至柔滑。注入玻璃杯中，放入冰箱冷藏凝固。

4 制作粉红葡萄酒果冻。将步骤1制作蜜饯的煮汁（200mL）倒入锅中，煮至沸腾。沸腾后关火，放入经过水发泡的食用明胶片使其溶化，冷却之后注入密封容器内放入冰箱冷藏凝固。

5 用叉子捣碎步骤4半成品，放在步骤3半成品上。放入适量切成块的桃味粉红葡萄酒蜜饯，并用细叶芹装饰。

法式小煎饼

配上蘸酱的咸味法式小煎饼。
用可可配上烤茄子，清爽的口感让人意外。
叠放在木纹托盘上，不用过多装饰。

材料（16个用量）
法式煎饼面坯
  无盐黄油…60g
  水…100mL
  盐…1撮
  低筋面粉…70g
  鸡蛋液…2~3个
  帕尔玛奶酪…15g
  可可粉…5g
  茄子末(烤茄子)…
  1/2根
蘸酱
  酸奶油…50g
  水煮咸牛肉…50g
☆色拉油

制作方法

1 制作法式煎饼面坯。将无盐黄油、水、盐混入锅中，开火煮。煮沸且黄油化开之后关火，加入过筛的低筋面粉，并用木勺搅拌混合。

2 搅拌至无粉状颗粒后再次开火加热步骤1半成品，混合炒制直至锅底形成薄膜。

3 放入碗中，边观察状态边添加鸡蛋液搅拌。用木勺舀起面糊呈三角形且可缓慢落下时即可。

4 将步骤3半成品分成两份。一半加入帕尔玛奶酪，另一半加入可可粉，分别搅拌混合。

5 将步骤4半成品放入裱花袋（套有星形裱花嘴）中。分别在剪成方形的烤箱纸上挤成圆形。

6 小心地将法式煎饼面坯逐一入锅中，用加热至160℃的油炸4~5分钟。如炸的时间过短，可能太软无法成形。

7 将蘸酱材料混合放入器皿中，作为配料。

圣诞饼干

将星形及圣诞树形状的饼干用丝带穿起，就是一道装饰感较强的小点心。
表面撒上粗颗粒的白砂糖，口感同样出众。

材料（约20个用量）
无盐黄油…100g
白砂糖…80g
蛋液…40g
低筋面粉…190g
可可粉…10g
白砂糖（粗颗粒）…适量
※根据个人喜好，可可粉最多
　增加20g。如有增加，应减
　少等量的低筋面粉。

制作方法

1 在室温条件下变柔软的无盐黄油中添加白砂糖，
用发泡器搅拌。搅拌至发白之后，慢慢加入蛋
液并搅拌。

2 添加过筛后的低筋面粉和可可粉，用塑料勺大
致搅拌混合。轻轻用手揉捏，用保鲜膜包裹后
放入冰箱醒30分钟。

3 用擀面杖将步骤 2 半成品擀成5mm厚的片。用
合适的模具切出形状，开丝带穿孔，在表面撒
上白砂糖。

4 放入已预热至180℃的烤箱中，烘烤约15分钟。

中式羊羹

软糯、口感清爽，同外观形成鲜明对比。
这道料理带有荔枝的微甜和慈姑的清香，
多吃不腻。

材料（8个用量）
水…400mL
荔枝红茶…3小匙
慈姑粉…60g
白砂糖…80g
慈姑（罐头装，切成5mm见方的块
状）…50g
马铃薯粉…适量
紫苏叶…8片
芒果酱…4大匙
☆色拉油

制作方法
1 将水及荔枝红茶混入锅内开火，煮红茶。煮开后
关火过滤，取300mL。
2 将慈姑粉加入步骤 1 半成品中，加入白砂糖使其
溶化。
3 将步骤 2 半成品注入密封容器中，撒上慈姑粉。
放入已烧开的蒸锅中，大火蒸约30分钟。
4 步骤 3 半成品冷却之后切成棒状，撒上马铃薯粉。
将色拉油加热至170℃，炸至表面酥脆后捞出。
5 用紫苏叶卷起后装盘，如图所示摆上充分混合的
芒果酱。

Recipe 158

马拉糕

发糕中加入松子、南瓜子等，口感更胜一筹，外形也更诱人。
黑糖及吉士粉可增加甜味。

材料（使用直径为10cm、高为15cm的模具，可做3个）

低筋面粉…100g
烘焙粉…1大匙
鸡蛋…2个
黑糖…80g
吉士粉…2大匙
牛奶…50mL
色拉油…1大匙
坚果（混合果仁、南瓜子等）…各适量

制作方法

1. 低筋面粉和烘焙粉混合之后过筛。
2. 将鸡蛋打入碗内用发泡器搅拌，加入黑糖充分混合。黑糖溶化之后，加入吉士粉、牛奶、色拉油继续混合。
3. 加入步骤 1 半成品，搅拌混合至无粉状颗粒。注入容器内，撒上坚果，放入已烧开的蒸锅内，小火蒸10~15分钟。
4. 冷却之后切开即可。

黑醋风味无花果蜜饯果冻

用新鲜无花果煮汁制成的彩色果冻。
五香粉可为这道料理增添异国情调，偏淡的黑醋更显剔透。

材料（6个用量）

无花果蜜饯

| 无花果…4个
| 蜂蜜…50g
| 黑醋…1大匙
| 五香粉…1撮
| 杏露酒…100mL
| 柠檬（切片）…1片

※蜜饯为方便制作的用量。

蜜饯果冻

| 无花果蜜饯的煮汁…200mL
| 食用明胶片…3g

树莓…3个

薄荷叶…适量

制作方法

1 制作无花果蜜饯。将除无花果以外的材料混合放入锅中开火加热，加入适量水，放入无花果以小火煮5分钟左右。将无花果浸泡在煮汁中，直接放入冰箱冷藏一晚。

2 制作蜜饯果冻。锅中放入步骤1的煮汁（200mL），加热至沸腾。关火，加入已用水泡发的食用明胶片使其化开。冷却之后注入容器中，放入冰箱冷藏凝固。

3 将切成4块的无花果蜜饯放在步骤2半成品上，并用切成2块的树莓及薄荷叶装饰。

中式水果鸡尾酒

在脆爽的海蜇中加入喜欢的水果。
装入透明酒杯中，精美别致。

材料（6个用量）
海蜇…8g
菠萝…1片
油桃…1/2个
半干无花果（切丁）…4个
芦荟（罐头）…1罐
汽水…250mL
柠檬汁…1大匙

制作方法

1. 将海蜇用水稍微煮一下。
2. 将菠萝切成菱形，将油桃切块。
3. 将步骤 1 及步骤 2 半成品放入碗中混合后盛入杯中，并在冰箱内冷藏半日入味。
4. 将步骤 3 混合物从冰箱中取出后，倒入汽水与柠檬汁，放入半干无花果丁及芦荟罐头即可。

紫薯蛋挞

使用成品紫薯泥，轻松就能制作彩色蛋挞。

材料（8个用量）
紫薯泥…150g
白砂糖…15g
无盐黄油（常温）…15g
盐…1撮
鲜奶油…25mL
蛋黄液…1/2个
牛奶…25~33mL
小蛋挞皮（成品）…8个
紫薯片…适量

制作方法
1 将紫薯泥放入锅中，用塑料勺搅拌至柔滑。
2 将白砂糖、无盐黄油、盐、鲜奶油、蛋黄液依次放入步骤1半成品中，充分混合。
3 加入牛奶，小火搅拌至变得浓稠。如果偏硬，可用牛奶（用量外）调整浓度。关火，待其冷却。
4 装入裱花袋（星形裱花嘴）内，挤入小蛋挞皮内。最后，用紫薯片装饰。

南瓜挞

带有烘烤风味的奶油状甜品，常温条件下也能保持形态。

材料（8个用量）
南瓜（去子）…150g
白砂糖…15g
无盐黄油（常温）…15g
盐…1撮
鲜奶油…25mL
蛋黄液…1/2个
牛奶…25~30mL
小蛋挞皮（成品）…8个

制作方法
1 南瓜蒸煮之后用刀削皮，放入锅中趁热捣碎。南瓜皮留下用于装饰。
2 将白砂糖、无盐黄油、盐、鲜奶油、蛋黄液依次放入步骤1半成品中，充分混合。
3 加入牛奶，小火搅拌至变得浓稠。如果偏硬，可用牛奶（用量外）调节浓度。关火，待其冷却。
4 装入裱花袋（套有星形裱花嘴）内，挤入小蛋挞皮内。最后，用南瓜皮装饰。

焗水果

可一口食用的温暖甜点。
鲜奶油打发之后口感
更清爽。还可根据喜好
添加糖粉。

材料
（可做6个直径为6.8cm的圆形焗水
果杯）
蛋黄…2个
白砂糖…20g
鲜奶油（乳脂含量为35%）…80mL
柑曼怡酒…20mL
草莓、猕猴桃、橙等水果…各适量

制作方法
1. 将蛋黄及白砂糖混入碗中，研磨混合。
2. 加入鲜奶油，用隔水加热法加热，同时搅拌
   打发。加热至上表面隆起之后关火，加入柑曼
   怡酒。
3. 将切好的水果放入模具中，注入步骤2半成品。
   放入预热至250℃的烤箱烤3~5分钟，使表面
   上色。

带馅蛋挞

杏干的酸味及口感最适合搭配鸡蛋，使用成品小蛋挞皮就能轻松制作。

材料（8个用量）

杏干…4个

小蛋挞皮（成品）…8个

蛋液…适量

馅料

　蛋黄…2个

　白砂糖…40g

　甜炼乳（无糖炼乳）…20mL

　水…50mL

　香草精…适量

开心果…适量

红醋栗…适量

制作方法

1　杏干如果较硬可事先放入杏露酒（用量外）中浸泡使其变软，再将其切块。在小蛋挞皮内侧涂上一层薄蛋液，用经过预热的烤箱稍微烤一下。

2　制作馅料。将材料依次放入碗中，用发泡器搅拌混合。

3　杏干放入小蛋挞皮中，注入馅料。接着，用烤箱以180℃烤7~10分钟。

4　冷却之后，用切碎的开心果及红醋栗装饰。

材料（6个用量）
非调制豆乳…150mL
琼脂…1g
抹茶奶油
  抹茶…2小匙
  鲜奶油…50mL
  白砂糖…2小匙
蜜橘（罐头）…12瓣
草莓…2个
黑豆（成品甜煮蜜豆）…适量
黑蜜…适量

制作方法
1. 将非调制豆乳及琼脂放入锅中开火加热，琼脂溶化之后放入容器内待其冷却凝固。
2. 碗中放入抹茶及少量鲜奶油，使其溶化。加入剩余的鲜奶油及白砂糖，开始打发。放入裱花袋内，套上星形裱花嘴。
3. 步骤1半成品切成8mm见方的块状，并用蜜橘、切成4等份的草莓、黑豆装饰，挤入抹茶奶油。最后，浇上黑蜜即可。

Recipe 165

蜜豆味豆乳果冻

清淡的豆乳冻，配上水果及黑豆。
用绿色器皿装盘，并用抹茶奶油做
造型。

柚子牛奶果冻

带有柚子皮的清香和生姜的气味，
可同时品尝到两种口感。

材料（8个用量）
柚子…8个
柚子果冻
　柚子汁…50mL
　水…200mL
　白砂糖…适量
　食用明胶片…4g
生姜牛奶冻
　牛奶…225mL
　白砂糖…30g
　食用明胶片…5g
　生姜汁…10mL
　鲜奶油…75mL
石榴子…适量
细叶芹…适量

制作方法

1 制作柚子果冻。挖出柚子果肉，挤出果汁。柚子皮可作为器皿使用，应保留。将柚子汁、水、白砂糖放入锅中加热，加入食用明胶片使其化开，大致散热。

2 制作生姜奶冻。将牛奶、白砂糖放入锅中加热，加入食用明胶液、生姜汁。

3 将鲜奶油倒入碗中，碗底放在冰水上，同时搅拌打发。搅拌器提起时奶油滴落后留下条状痕迹，则打发完成。

4 步骤2半成品接触冰水使其冷却，变得发黏之后加入步骤3半成品混合搅拌。

5 将步骤4半成品注入柚子皮中，放入冰箱冷藏凝固。

6 取出后捣碎，并用石榴子、细叶芹装饰。

材料（6个用量）
酒酿…30g
牛奶…100mL
蛋黄液…4个
白砂糖…30g
鲜奶油…200g
☆白砂糖

制作方法

1 将酒酿放入牛奶中浸泡约30分钟，使其变得柔软。

2 将蛋黄液、白砂糖、鲜奶油混入步骤 1 半成品中，再隔着筛网注入器皿中。

3 放入烤箱的托盘中，在托盘中注入热水。烤箱加热至150℃，进行烘烤。

4 撒少量白砂糖，并用加热枪烘烤，使其焦化。

Recipe 167

酒酿布丁

酒香味四溢的甜点。
放入带盖的盅内，开盖就能闻到
浓郁香味。

草莓樱花饼

将饼皮包入豆沙或草莓。
将樱树叶用盐水浸泡，包裹
在外作为装饰。

材料（8个用量）
水磨糯米粉…15g
水…80mL
低筋面粉…50g
上白糖（在蔗糖中混入一定比例的转
化糖，性状湿润）…15g
色粉（红）…少量
盐水泡樱树叶…8片
盐水泡樱花…8个
草莓（切成块）…2个
红豆沙…适量

制作方法

1 将水磨糯米粉、水放入碗中混合。

2 低筋面粉、上白糖放入步骤 1 半成品中混合，用
少量水（用量外）溶化的色粉染色。

3 平底锅开火预热，将步骤 2 面糊摊开煎成约8cm
圆形。

4 将盐水泡樱树叶切成小片。将盐水泡樱花除去盐
分。草莓切成4等份。

5 卷起步骤 3 半成品，挤入红豆沙，并用草莓装饰。
用樱树叶卷起，加上樱花装饰。

Part
6

适合派对的汤及饮品

汤及饮料放在可密封的保鲜袋中，
方便携带。
放在小玻璃杯中，派对中也能随意
拿取。

蔬菜汤

黏稠呈果冻状的鸡肉清汤配上彩色蔬菜，
充分冷却之后用勺子舀着喝，非常方便。

材料（6~8人用量）
番茄…1/4个
黄瓜…3cm
西芹…2cm
彩椒（红色、黄色）…各1/8个
食用明胶片…8g
鸡肉清汤…500mL
细叶芹…少量
☆盐、胡椒粉、橄榄油

制作方法

1 食用明胶片用冰水泡发。将番茄、黄瓜、西芹、
彩椒切成5mm见方的块状。彩椒稍微用盐水煮
一下。

2 鸡肉清汤放入锅中煮沸之后关火，加入已控干水
的食用明胶片使其化开。锅底放在冰水上，开始产
生黏性之后放入玻璃杯中，再放入冰箱冷藏凝固。

3 取出后放入碗中混合，加入盐、胡椒粉、橄榄油
混合。放在汤的上方，并用细叶芹装饰。

西班牙番茄冷汤

倒入烈酒杯中，反向放入搅拌棒，并插上橄榄作为装饰。

材料（6~8人用量）
番茄（挑选熟透的）…2个
黄瓜…1根
洋葱（小）…1/4个
彩椒…1/2个
大蒜（捣碎）…1/2瓣
橄榄油…50mL
白葡萄酒醋…200mL
水…100mL
橄榄…适量
☆盐、胡椒粉

制作方法

1 将番茄及黄瓜切碎。将洋葱切末。

2 步骤 1 半成品及大蒜放入搅拌器中搅拌，再加入橄榄油、白葡萄酒醋、盐、胡椒粉调味。

3 加水调节浓度，注入碗中后放进冰箱冷藏。注入烈酒杯中，用穿入橄榄的搅拌棒装饰。

胡萝卜汤

在煮软的胡萝卜中插入莳萝，造型有新意，充满童趣。

材料（6~8人用量）
胡萝卜（切薄片）…300g
洋葱（切薄片）…60g
黄油…20g
鸡肉清汤…600mL
鲜奶油…80mL
小胡萝卜…6~8根
白砂糖…1小匙
莳萝…适量
☆盐、胡椒粉、黄油

制作方法
1. 将黄油放入锅中加热至化开，加入洋葱片翻炒至炒软之后，加入胡萝卜片一起炒。
2. 倒入鸡肉清汤，盖上锅盖，小火煮至胡萝卜变软。关火，将锅底隔着冰水进行冷却。
3. 大致散热之后，放入搅拌器搅拌。筛网过滤之后放入锅中再次开火加热，并用盐、胡椒粉调味，加入鲜奶油混合。
4. 放入冰箱冷却之后注入玻璃杯中，并用胡萝卜和莳萝装饰。

煮小胡萝卜

制作方法
将小胡萝卜放入锅中，注入水并加入一块黄油及白砂糖，盖上锅盖以小火加热。
煮至胡萝卜变软之后，中途可加水。取下锅盖，浇上煮汁使胡萝卜更有光泽。

豌豆汤

使用冷冻豌豆，无论任何季节都能让做出让人充满食欲的料理。
最后，配上奶酪棒。

材料（6~8人用量）
豌豆（冷冻）…300g
洋葱（切薄片）…60g
鸡肉清汤…600mL
鲜奶油…80mL
黄油…20g
奶酪棒…6~8根
☆盐、胡椒粉

制作方法
1. 将黄油放入锅中化开后倒入洋葱翻炒。炒至变软之后加入冷冻豌豆，稍微炒一下之后关火。
2. 稍微冷却后，放入搅拌器搅拌。如果难以搅拌，可适量加入鸡肉清汤。豌豆打成糊状之后加入剩余的汤，搅拌至柔滑。
3. 用筛网过滤后注入锅中，开火加热。用盐、胡椒粉调味，加入鲜奶油混合。
4. 锅底放在水上使其冷却，大致散热之后放入冰箱冷却。注入玻璃杯中，注入稍微打发的鲜奶油（用量外），配上奶酪棒。

薏米芦笋汤

薏米芦笋汤是一道药膳，具有美肤、利尿、消肿等功效。

材料（6~8人用量）

芦笋…4~5根

薏米…1大匙

牛奶…2杯

孜然粉…少量

小葱…适量

☆盐、胡椒粉

制作方法

1 将薏米用搅拌器打成粉。

2 将芦笋用热水煮。

3 步骤 2 半成品及牛奶放入搅拌器搅拌。

4 步骤 1 及步骤 3 半成品放入锅内逐渐加热，并用盐、胡椒粉、孜然粉调味。根据喜好，在冷却或温热状态下注入器皿中，并用切碎的小葱装饰。

胡萝卜红椒汤

胡萝卜红椒汤汤色鲜艳，用白色瓷杯盛装更显汤色突出。
喝下之后，口感清淡。

材料（6人用量）
胡萝卜…1根
红彩椒…1/2个
大蒜…1/3瓣
鸡肉清汤…2杯
莳萝…适量
黑葡萄醋（根据喜好选用）…适量
☆盐、胡椒粉、黑胡椒

制作方法

1 胡萝卜削皮，红彩椒去子及蒂，分别切成适口大小。大蒜捣碎。

2 将步骤 1 半成品及鸡肉清汤放入锅内加热，煮至蔬菜变软之后放入搅拌器搅拌。

3 将步骤 2 半成品放回锅中，并用盐、胡椒粉、黑葡萄醋（选用）调味。装盘之后撒上黑胡椒，并用莳萝装饰。

日式菜花浓汤

将帆立贝及干虾的汤汁和西蓝花的汁水充分融合。
用豆乳代替牛奶及鲜奶油，更加适口。

材料（6人用量）
帆立贝柱…30g
干虾…30g
水…100mL
菜花…100g
豆乳…200mL
枸杞…少量
☆香油

制作方法
1 将帆立贝柱、干虾用水泡发。
2 将菜花切成小份，用含醋（用量外）的热水煮。
3 将步骤 1 及步骤 2 半成品放入搅拌器搅拌。搅拌之后放入锅中，加入豆乳一起炒。
4 将步骤 3 半成品放入器皿中，用枸杞装饰，淋上香油。

材料（6人用量）
胡萝卜…1根
洋葱…1个
萝卜…1/4根
西芹…1/2棵
香叶芹…3棵
水…1L

制作方法

1 将胡萝卜、洋葱、萝卜削皮之后切薄片，将西芹和香叶芹也切成薄片。

2 所有材料放入锅中，小火炖。汤上色之前，边煮边尝味道（火太大或炖太干时，可适量加水）。

3 使用过滤器或筛网过滤，仅将汤汁注入器皿中（剩余的蔬菜可用于制作第29页介绍的蔬菜馅饼）。

Recipe 176

蔬菜清汤

蔬菜用小火慢炖，汤汁浓醇。
无须使用盐调味，有益健康。

鱼翅汤

将中式经典鱼翅汤装入中式茶杯内，
再用做成乌龟造型的香菇点缀，打开盖就是惊喜。

材料（12个用量）
大葱…5cm
生姜…1片
绍兴酒…1小匙
鸡架汤…400mL
盐…1小匙
胡椒粉…少量
酱油…少量
白砂糖…1撮
鱼翅（经过泡发）…1片
香菇…2片
水溶马铃薯粉…适量
香菜…适量
☆香油、盐、胡椒粉

制作方法
1 平底锅烧热后倒入适量香油，将切成丝的大葱及
生姜炒出香味。
2 在步骤 1 半成品中淋适量绍兴酒，并加热至酒精
挥发。注入鸡架汤，用1小匙盐、少量胡椒粉、酱
油、白砂糖调味。加入鱼翅，中火炖至变软。
3 用乌龟造型模具切香菇，并在表面切斜切口，形
成乌龟壳纹路。加入步骤 2 半成品中，稍微加热
之后取出。
4 将水溶马铃薯粉倒入步骤 2 的汤汁使稍微黏稠，
并用盐、胡椒粉调味。注入器皿中，放上香菇，
并用香菜装饰。

材料（4个用量）

豆腐…50g

猪肉…30g

木耳…2g

草菇…4个

虾仁…4个

鸡架汤…400mL

酱油…1小匙

酒…1小匙

香菜…适量

☆香油、盐、胡椒粉、醋、
辣椒油

制作方法

1. 将豆腐及猪肉切成丁。木耳泡发之后切成一口
食用大小。草菇对切成两半。虾仁沿着中间竖
直切下。

2. 锅烧热后倒入香油，炒猪肉。变色之后加入虾、
木耳、草菇，继续炒。

3. 步骤 2 半成品加热之后加入鸡架汤、酱油、酒、
豆腐继续炖，并用盐、胡椒粉调味。

4. 将步骤 3 半成品注入器皿中，用香菜装饰。调
羹中混入醋、胡椒粉、辣椒油，作为作料。

Recipe 178

酸辣汤

将醋、辣椒油放入调羹中，根据喜好选用。
在小碗中即可享用食材丰富的美食。

虾仁山药汤

将虾仁山药用保鲜膜包住简
单煮片刻即成。
口蘑用鸭儿芹捆在一起，可
避免松散。

材料（8人用量）

虾肉…150g
鱼肉山药饼…100g
山药…5g
蛋白…1/2个
煮汁
  汤汁…500mL
  盐…1/2小匙
  酱油…1/6小匙
  酒…1/2小匙
胡萝卜…适量
鸭儿芹…适量
口蘑…适量

制作方法

1. 将100g虾肉、鱼肉山药饼、捣碎的山药、蛋白放入食品处理器中打碎。
2. 将步骤1半成品放入碗中，混入50g切成粗末的虾肉。
3. 将步骤2半成品8等分，分别用保鲜膜包住，并用松紧带扎住。
4. 用锅煮沸热水，放入步骤3半成品，煮沸之后调制极小火煮约10分钟。
5. 将所有煮汁材料放入锅中加热。
6. 胡萝卜切成薄片并用樱花模具切出造型，再用煮汁将其稍微加热。鸭儿芹稍微煮一下。口蘑分成小块并用煮汁稍微加热，将丛生口蘑用鸭儿芹捆起。
7. 撕掉步骤4混合物的保鲜膜，将食材放入碗中，浇上步骤5的煮汁，加上胡萝卜、口蘑。

材料（8人用量）
蛤蜊…120g
汤汁…200mL
白味噌…3大匙
豆乳…50mL
油炸豆腐…1块
黄瓜香…8根

制作方法
1 将蛤蜊、汤汁放入锅中，开火加热至蛤蜊开口。
2 将白味噌注入步骤1半成品中，加入豆乳继续加热。
3 油炸豆腐用花形模具切出，并用烤箱架稍微烤制。
4 注入器皿中，配上花形油炸豆腐及煮过的黄瓜香。

Recipe 180

蛤蜊豆乳汤

在浓香的蛤蜊汤汁加入营养豆奶，再用
星形油炸豆腐点缀。

日式杂菜汤

切成小块的各种日式蔬菜，汤味浓郁。
装入精致的小茶杯中，配上小勺，方便食用。

材料（5杯用量）

火腿…25g

大葱…25g

胡萝卜…30g

萝卜…40g

莲藕…30g

豆腐…1/2块

麦片…20g

汤汁…400mL

酱油…适量

☆色拉油、盐

制作方法

1　火腿、大葱、胡萝卜、萝卜、莲藕切成8mm见方的块状。豆腐用温水泡，并切成8mm见方的块状。

2　色拉油倒入锅中烧热后，放入火腿、大葱、胡萝卜、1撮盐，充分炒制。

3　将萝卜、莲藕放入步骤2半成品中，继续炒制。

4　加入麦片、豆腐、汤汁，将蔬菜炖软。

5　最后，用酱油调味。

卡布奇诺风
牛蒡蘑菇浓汤

牛蒡的香味会勾起食欲，配上
发泡牛奶，如同在饮一杯卡布
奇诺。
配上炸过的牛蒡，风味十足。

材料（6杯用量）
牛蒡…50g
聚丰菇…25g
大葱…1/3根
汤汁…300mL
薄口酱油…少量
牛奶…100mL
小葱…适量
牛蒡（装饰用）…适量
☆醋、黄油、盐

制作方法

1 牛蒡切薄片，用醋水浸泡。聚丰菇切成粗末。
大葱切薄片。

2 将黄油放入锅中化开，放入牛蒡、大葱、聚
丰菇、1撮盐，开始炒制。

3 将汤汁加入步骤2半成品中，煮熟蔬菜。

4 步骤3半成品放入搅拌器搅拌，用薄口酱

油（之后会添加牛奶，所以可多加酱油）
调味。

5 将步骤4半成品注入器皿中，浇上加热
后打发的牛奶，并用切碎的小葱装饰。将
装饰用牛蒡切成厚片，炸过之后作为装饰。

日式番茄汤

用干香菇作为底料的鲜美红汤，配上美味的干贝柱。

材料（6人用量）
干香菇…5片
水…400mL
番茄…2个
彩椒（红色）…1/3个
咸饼干（薄）…6片
干贝柱…适量
☆盐、胡椒粉

制作方法
1 干香菇用水泡发之后取出备用。
2 将步骤1的泡发水、番茄、彩椒放入锅中煮，并用盐、胡椒粉调味。
3 将步骤2半成品放入搅拌器，搅拌之后放入冰箱冷藏。
4 将步骤3半成品注入玻璃杯中，放上咸饼干、干贝柱。

南瓜海带汤

海带的甜味和南瓜的绝佳搭配。
放上咸饼干及咸海带，凸显甜味。

材料（6人用量）
海带段…约15cm长
水…400mL
南瓜…1/4个
咸饼干（薄）…6片
咸海带…适量

制作方法
1 海带用水浸泡，取汤汁备用，并捞出海带。
2 锅中放入步骤1半成品及削皮的南瓜一起煮。
3 南瓜煮软之后冷却片刻，用搅拌器搅拌之后放入冰箱冷藏。
4 将步骤3半成品注入玻璃杯，放上咸饼干、咸海带。

材料（约10人用量）

汤

彩椒（黄色，切薄片）…150g
洋葱（切薄片）…60g
橄榄油…适量
鸡肉清汤…300mL
橙汁…50mL

木瓜（挖出球状）…10个
巨峰葡萄…10个
麝香葡萄…10个
木薯淀粉珍珠（大粒，煮过）…3大匙
薄荷叶…适量
☆盐、胡椒粉

制作方法

1 制作汤。用锅加热橄榄油，小火充分炒制彩椒及洋葱。

2 注入鸡肉清汤，加入盐、胡椒粉，小火炖至蔬菜变软。

3 混合步骤 2 半成品及橙汁用搅拌器搅拌，并用盐、胡椒粉调味，装入碗中放进冰箱冷藏。

4 将步骤 3 半成品注入玻璃杯，放上木瓜球、巨峰葡萄、麝香葡萄、木薯淀粉珍珠，并用薄荷叶装饰。

Recipe 185

红椒甜橙汤

给派对餐桌增添色彩的冷汤，
还能品尝到水果及奶茶珍珠。
放在白色托盘上，凸显颜色。

材料（16个用量）
红薯…1根（250~300g）
豆乳…100mL
鸡肉清汤…300mL
黑葡萄醋…50mL
☆盐、胡椒粉

制作方法
1　红薯用锡纸包裹，放入已预热至160℃的烤箱中烤制约60分钟，留一部分红薯皮作为装饰。将装饰用红薯皮切成块状。
2　将150g步骤1半成品、豆乳、鸡肉清汤混合放入搅拌器中，加入盐、胡椒粉，搅拌至柔滑。
3　黑葡萄醋稍微煮一下之后注入玻璃吸管中。
4　步骤2半成品重新加热并装入器皿，放上装饰用红薯块，配上步骤3半成品。

Recipe 186

红薯甜汤

红薯烤过之后连同豆乳一起搅拌，香味四溢。
将清爽的黑葡萄醋注入玻璃吸管中，别有风味。

水果冻烧酒

用烧酒配水果，即为一道色彩鲜艳的派对饮料。

材料（方便制作的用量）
烧酒…100mL
冷冻水果（草莓、猕猴桃
等）…150g
装饰用水果…适量

制作方法
1 将烧酒及喜欢的冷冻水
  果放入搅拌器。
2 放入玻璃杯中，用水果
  扦穿入装饰用水果，作
  为装饰。

刨冰绍兴酒

将香醇的绍兴酒冰冻之后装满鸡尾酒杯。

材料（6个用量）
绍兴酒…50mL
蜂蜜…50g
水…200mL
蜜饯樱桃…6个

制作方法
1 将绍兴酒、蜂蜜、水充
  分混合，注入密封容器
  内，放入冰箱冷冻一晚。
2 充分冷冻之后，用叉子或
  勺子捣碎。
3 将蜜饯樱桃放入玻璃杯
  中，装入步骤2半成品。

梅子甜橙鸡尾酒

用梅子和甜橙调制而成的酸甜鸡尾酒。

材料（6个用量）
梅酒…100mL
橙汁…200mL
树莓…6个

制作方法

1 梅酒注入玻璃杯中，轻轻注入橙汁，形成双层。
2 将树莓作为顶部装饰物。

杏露酒桑格利亚

在杏露酒中加入带有八角香味的中式桑格利亚。
注入玻璃杯时注意造型效果。

材料（6个用量）
橙子…1/4个
葡萄柚…1/8个
柠檬…1/2个
苹果…1/4个
杏露酒…300mL
八角…2个
肉桂棒…1根
碳酸水…适量

制作方法

1 水果全部洗干净，连着皮切片。
2 将步骤1半成品、杏露酒、八角、肉桂棒混合放入容器中，浸泡半天以上。
3 用碳酸水调配比例。

Recipe 191

树莓莫吉托

带有酸橙香味的莫吉托鸡尾酒，外形艳丽，适合女性饮用。

材料（4杯用量）
蓝莓酒…80mL
白朗姆酒…80mL
树胶糖浆…适量
薄荷…适量
树莓…适量
酸橙（切薄片）…适量
碳酸水…适量

制作方法
将蓝莓酒、白朗姆酒、树胶糖浆、薄荷、树莓、酸橙放入玻璃杯中，注入碳酸水。

Recipe 192

葡萄柚气泡鸡尾酒

软滑的果冻状葡萄柚汁和甜美利口酒的搭配。

材料（4杯用量）
食用明胶片…5g
葡萄柚汁（100%果汁）…200mL
草莓酒…5mL
碳酸水…200mL
葡萄柚皮…适量
草莓…适量

制作方法
1. 食用明胶片用水泡发，并控干水分。将葡萄柚汁煮至即将沸腾时关火，加入食用明胶片使其化开。放入密封容器内，送入冰箱冷藏凝固。
2. 玻璃杯底部注入草莓酒，并用勺子送入步骤1半成品。
3. 轻轻注入碳酸水。
4. 用水果扦穿起切成菱形的葡萄柚皮及草莓，放在玻璃杯边缘作为装饰。

杏仁木瓜冻

制作这道杏仁木瓜冻时不使用明胶片直接冷冻，再浇上芒果汁。
芒果汁随着时间变化逐渐融入杏仁豆腐中。

材料（6个用量）
杏仁霜…3大匙
牛奶…300mL
白砂糖…2大匙
芒果汁…适量
薄荷叶…适量

制作方法

1　杏仁霜、牛奶、白砂糖混入锅中，开火加热。杏仁霜及白砂糖溶化之后关火，冷却之后注入制冰器内，放进冰箱冷冻。

2　从制冰器中取出步骤1半成品放入玻璃杯中，注入芒果汁，用薄荷叶装饰，配上搅拌棒。

Recipe 194

珍珠奶茶

最近流行的珍珠奶茶，红茶、普洱茶、烘焙茶都适合用来制作。

材料（6杯用量）
黑珍珠（大粒）…3大匙
水…100mL
普洱茶包…2个
牛奶…300mL
白砂糖…适量

制作方法
1 用沸水将黑珍珠煮至透亮，再用冷水浸泡，控干水分。
2 用锅煮沸水，放入普洱茶包继续煮。
3 取出茶包，混入牛奶及白砂糖，待其冷却。
4 黑珍珠放入器皿中，注入步骤3半成品。

Recipe 195

蓝莓奶昔

富含维生素及膳食纤维的蓝莓，搭配清爽的石榴醋、酸奶。

材料（方便制作的用量）
蓝莓…120g
石榴醋…40mL
酸奶…150mL
蓝莓（装饰用）…适量
薄荷叶…适量

制作方法

1 石榴醋倒入制冰盘中，放入冰箱冷冻。

2 将步骤 1 半成品、蓝莓、酸奶放入搅拌器搅拌。

3 将步骤 2 半成品注入玻璃杯中，用蓝莓装饰，
配上薄荷叶。

苏打冻

塞满水果，边吃边喝真美味。
建议使用高脚的香槟酒杯，
分层视觉效果更佳。

材料（方便制作的用量）
苹果…1/2个
芒果…1个
橙汁…200mL
樱桃醋或石榴醋…500mL
碳酸水…适量

制作方法
1 将苹果及芒果切成方便食用的大小，放入玻璃杯中。
2 将橙汁、樱桃醋或石榴醋注入制冰盘内，放入冰箱冷冻。冷冻之后，切成约1cm见方的块状。
3 将橙汁、樱桃醋冰依次放入步骤1的玻璃杯中，注入碳酸水。

樱桃汽水

用爽口的酸味樱桃醋制成的汽水。
使用香槟酒杯盛装，色彩更丰富。

材料（6人用量）
樱桃醋…18大匙
黑莓（罐头即
可）…6个
碳酸水…适量

制作方法
1 每个玻璃杯中放入
  1个黑莓。
2 每个玻璃杯中放入
  3大匙樱桃醋，注入
  适量碳酸水。

水果醋

混合2种水果醋，有助于缓解疲劳。
装入可爱的圆形酒杯中，让人充满食欲。

材料（6人用量）
樱桃醋…6大匙
苹果醋…6大匙
柠檬汁…6大匙
捣碎的冰…适量
食用花卉…适量

制作方法
1 樱桃醋、苹果醋、柠
  檬汁（各1大匙）放入
  玻璃杯中。
2 在步骤1半成品中放
  入适量捣碎的冰，用
  食用花卉作为装饰。

草莓牛奶冰糕

冰糕状的双色饮料，用草莓酱和脱脂牛奶就能轻松制作，风味浓醇。

材料（4个用量）

草莓冰糕

| 草莓酱…300g
| 水…200mL

牛奶冰糕

| 白砂糖…80g
| 脱脂牛奶…50g
| 牛奶…500mL

草莓干…适量

薄荷叶…适量

制作方法

1 制作草莓冰糕。混合草莓酱和水，将总量的2/3冷冻。冷冻之后放入搅拌器中，做成冰糕状。

2 制作牛奶冰糕。将白砂糖及脱脂牛奶混合之后放入锅中，加入牛奶之后开火，使白砂糖及脱脂牛奶溶化。冷冻2/3的量，冷冻之后剩余部分也放入搅拌机。

3 草莓冰糕及牛奶冰糕分别注入玻璃杯中形成双层，撒上切成粗粒的草莓干，并用薄荷叶装饰。

※草莓酱会影响甜度，如甜度不够，可添加白砂糖。

抹茶欧蕾

可代替饭后甜点的热甜点。
可在一定程度上控制糖分
摄入，也可用棒棒糖调节
汤味，再配上精致、营养
的干果，营养更加丰富。

材料（8人用量）
抹茶…3小匙
水…2大匙
牛奶…350mL
白砂糖…15~20g
黄豆粉…适量

制作方法

1 将抹茶及水放入锅中溶化。

2 牛奶及白砂糖加入步骤 1
半成品中开火，加热至即
将沸腾。

3 使用牛奶发泡器（也可使
用小型发泡器）打发。

4 注入器皿中，撒上黄豆粉。

附录

蔬菜
Vegetables

鸡蛋
Egg

牛奶·乳制品
Milk, Dairy products

豆腐·豆制品
Tofu, Bean products

其他
etc

本书中使用的调味汁

香味料汁

材料 香油50mL · 色拉油50mL · 生姜1片 · 大蒜2瓣 · 红辣椒1根 · 大葱1/2根 · 干虾10g
☆将生姜、大蒜、大葱切末，红辣椒切成圈。所有材料放入平底锅内，小火充分加热至炒出香味。

辛辣蛋黄酱料汁

材料 豆瓣酱1/2大匙 · 蛋黄酱3大匙 · 白砂糖1/2小匙
☆混合所有材料。

辛辣味噌料汁

☆甜面酱和辣椒油按1:1比例混合。

明太子酱

材料 明太子50g · 蛋黄酱50g
☆明太子除去薄皮之后，同蛋黄酱混合。

味噌酱

材料 白味噌1大匙 · 芝麻酱1大匙 · 白砂糖1小匙 · 薄口酱油1小匙 · 醋1小匙
☆所有材料充分混合。

梅肉酱

材料 梅肉3大匙 · 白砂糖1/2大匙 · 味醂1大匙 · 薄口酱油1大匙
☆所有材料充分混合。

黑葡萄醋酱

材料 黑葡萄醋15mL · 橄榄油30mL · 盐 · 胡椒粉
☆黑葡萄醋和橄榄油放入平底锅中，撒上盐及胡椒粉之后开火煮开。

树莓醋酱

材料 树莓酱（成品）50g · 红葡萄酒醋5mL · 橄榄油40mL · 盐 · 胡椒粉
☆树莓酱和红葡萄酒醋混合，边混合边慢慢加入橄榄油使其乳化。最后，用盐、胡椒粉调味。

薄饼面坯   （第127页）

（方便制作的用量 · 6片）低筋面粉50g · 1小匙白砂糖 · 盐1小撮 · 鸡蛋1个 · 无盐黄油10g · 牛奶125mL
☆低筋面粉、白砂糖、盐混入碗中用发泡器搅拌，加入蛋液一起混合。加入溶化的无盐黄油，一边搅拌混合一边慢慢加入牛奶。用平底锅或煎蛋锅加热黄油（用量外），注入薄薄一层。

卡仕达酱   （第168页）

☆锅中混合250mL牛奶及1/2个香草荚，加热至即将沸腾。碗中混合3个蛋黄及75g白砂糖，用发泡器捣碎搅拌。打发变白之后加入低筋面粉，注入热牛奶使其溶化，再隔着滤网倒回锅中。中火加热，同时用发泡器不断搅拌。打发至酱汁能够流畅滴下时关火，将盆底放在冰水上使其冷却。

意大利蛋白酥   （第173页）

☆将170g白砂糖和水用锅加热成糖汁。同时将30g白砂糖混入蛋白中，用搅拌器高速打发。糖汁熬至117℃，蛋白发泡变酥之后，将糖汁慢慢注入蛋白酥中，并用搅拌器低速打发冷却。

浜 裕子

致力于花卉、内饰、餐桌等饮食空间设计。近年来，努力研究日本历史、日本文化，并将其用于东西方融合的生活设计中。以花卉生活、生活空间艺术为理念，成立了饮食空间策划公司"花生活空间"。除了在自家工作室开设餐桌搭配课程，还广泛参与研讨会、演讲、写书、电视节目等。已出版《餐桌招待七十二候》《日式餐具基础》《西式餐具基础》《漆器餐桌布置》《日式餐具的双人餐桌布置》《茶和日式点心的12个月》及《手拿食品50种》系列图书（以上作品均为诚文堂新光社出版）、《经典菜品和招待教程》（KADOKAWA出版）等，著作超过20本。现任非盈利组织餐饮空间协调协会理事。

图书在版编目（CIP）数据

200种派对聚会创意简餐 /（日）浜 裕子著；张艳辉译.
— 北京：中国轻工业出版社，2021.8
　　ISBN 978-7-5184-3509-8

　　Ⅰ . ① 2… Ⅱ . ①浜… ②张… Ⅲ . ①菜谱 – 日本
Ⅳ . ① TS972.183.13

中国版本图书馆 CIP 数据核字（2021）第 090822 号

责任编辑：卢　晶　　责任终审：高惠京　　整体设计：锋尚设计
策划编辑：卢　晶　　责任校对：朱燕春　　责任监印：张京华

出版发行：中国轻工业出版社（北京东长安街6号，邮编：100740）
印　　刷：北京博海升彩色印刷有限公司
经　　销：各地新华书店
版　　次：2021年8月第1版第1次印刷
开　　本：720×1000　1/16　印张：14
字　　数：250千字
书　　号：ISBN 978-7-5184-3509-8　定价：78.00元
邮购电话：010-65241695
发行电话：010-85119835　传真：85113293
网　　址：http://www.chlip.com.cn
Email：club@chlip.com.cn
如发现图书残缺请与我社邮购联系调换
190617S1X101ZYW